一次學會10種
新手也能
輕鬆掌握的
基礎技法

樹形盆栽入門書

一次學會10種新手也能輕鬆掌握的基礎技法

山田香織◎著

序

10種樹形的精髓&創作技巧

歡迎來到樹形盆栽的世界

起初，我想培養一項既可修身養性又能夠長時間沉浸其中的興趣，
於是開啟了樹形盆栽的大門。
但想創作樹形優美、作法道地的盆栽卻不知道從何著手，
希望找到一本能夠從基本栽培技巧開始學起，引領我邁入盆栽界的書籍。
盆栽初學者中一定有很多人懷抱這樣的期望！
本書將以盆栽界廣泛採用的十種基本樹形（構成盆栽的樹木形狀）為例，
從容易取得的素材（幼樹）開始，介紹一些簡單明瞭、初學者也很容易理
解的技巧，一步步地完成意境優美的盆栽。
首先，教您如何利用手邊現有的樹木，表現自古流傳下來的基本樹形，
一邊循序漸進加入其他技巧，一邊以創作出風格優雅獨特的「ＭＹ盆栽」
為重點目標。
一起來挑戰吧！

山田香織

山毛櫸 *Buna*

組合植栽型山毛櫸盆栽。抬頭仰望盆栽的感覺，就像在森林裡散步。訣竅是打造樹形符合盆栽創作的基本原則。

學習樹形盆栽的五大樂趣

樹形盆栽的基本型態
都是在園藝的歷史長河中，慢慢地演變蛻化而來。
不拘泥於特定形式，學會樹形後，
就能夠以自己的創意廣泛應用，把玩出不同的變化，
即使是初學盆栽的人，
也能創作出景色賞心悅目
深得自己喜愛的盆栽。

1 縮短完成盆栽的時間

手邊的素材（幼樹）適合用於創作哪一種樹形的盆栽呢？了解素材的特性與方向性，不必花太多心思，就能成功地創作出賞心悅目的盆栽，大幅縮短完成盆栽的時間。

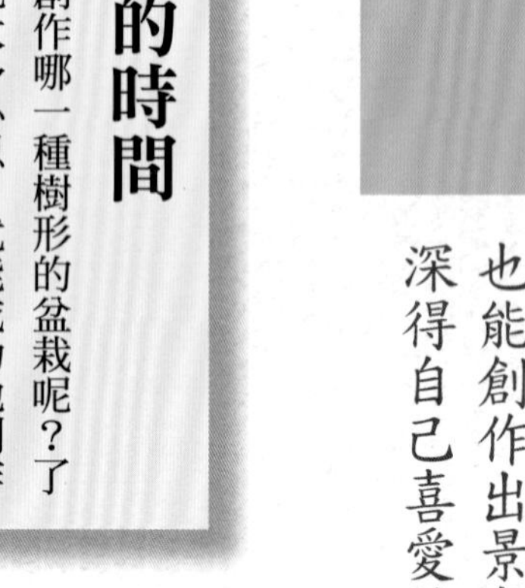

2 創作出樹形優美、作法道地的盆栽

將原本種植於土地上的巨木濃縮成可觀用盆栽，加以塑形使盆栽顯得更經典洗練的就是樹形盆栽藝術。學會從古至今不斷地累積傳承下來的感性、智慧與技巧，即便初學者也創作出樹形優美、作法道地的樹形盆栽樂趣。

3 拓展欣賞&收藏的範疇

廣泛地挑戰各種樹形盆栽。將盆栽擺放在家中，就能遨遊在自然美麗的景色中，還可廣泛地收藏充滿自我風格的盆栽。

4 樹形創作過程變得更有趣

了解親手完成的盆栽未來樣貌，確立修剪與纏線塑形等目標，樹形創作過程就會變得更有趣。

5 培養出一生相伴的興趣

盆栽是可以陪伴你成長的人生好夥伴。一邊想像著十年後、二十年後、三十年後的盆栽樣貌，一邊花心思慢慢培養，一輩子都能欣賞到隨著樹齡增長而改變，與四季變化所賦予的美麗風景。

目錄

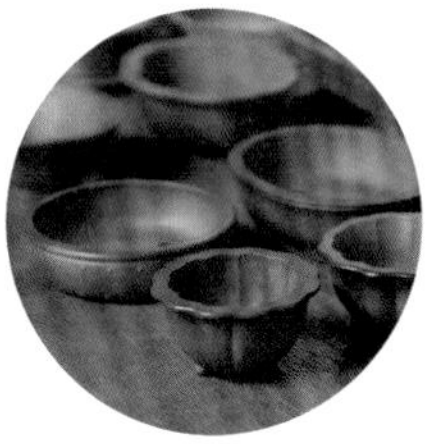

※本書介紹的栽培管理方法係以日本關東地區以西的平原地帶為基準。
※噴灑藥劑時，請選擇晴朗無風的日子，並確實作好周邊防護措施。

盆栽是陪伴人們成長的好夥伴

春天萌芽長葉

以雜木林為創作概念的組合植栽型三角楓盆栽。用心栽培使枝葉長得更茂盛，主幹長得更粗壯，就能陪著自己成長。

盆栽就像日常生活中陪伴在人們身邊的寵物。

我是在盆栽園裡長大，園子裡有許多知道我的生日、早在我出生前就存在的盆栽。

二○○○年起，開始投入家族事業的經營行列後，盆栽也成了我工作上的好夥伴。

不管我工作順利或不順利、人生轉換期、為人母的時候，盆栽們都時時刻刻地守護著我。

它們是彼此約定，不離不棄地一直陪伴著我成長的好夥伴。

我從盆栽上得到許多勇氣與心靈上的療癒。

一定要深入了解盆栽的精髓，學會樹形盆栽的創作技巧，讓盆栽們為您稍來四季的變化，一起過著心靈富足的幸福快樂生活。

夏天噴灑葉水

盛夏時節，盆栽也會覺得暑熱難耐！傍晚時分噴灑葉水好讓盆栽降溫消暑。看到盆栽澆水後的清爽模樣，自己也覺得格外涼爽舒暢。

早春展開栽種、移植，即可為初夏季節增添風采

早春挑選夥伴（素材）

挑選苗木就像在挑選夥伴。表情自然就變得很認真。

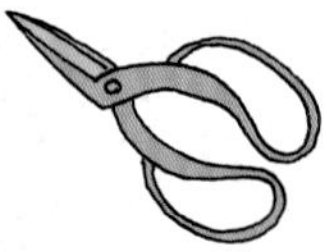

萌芽長葉前種下植株

活用素材，利用花盆，將腦海中的雜木林風光具體描繪出來。

初夏進行纏線塑形

纏上鋁線，調整主幹與枝條的形狀，像作畫般讓盆栽樣貌更趨近於自己想像的姿態。

一邊維護整理盆栽，一邊感受四季變化，就能夠在盆栽景致中獲得心靈的平和

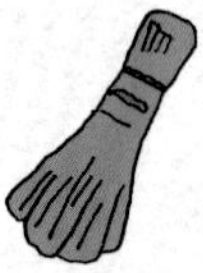

初夏剪葉

一再地進行摘芽或剪葉，促使植物長出更多枝葉。長出越多細小枝葉，越能營造出巨木感。

夏季的綠蔭

栽種後歷經三年栽培的組合植栽型三角楓盆栽。生氣盎然與景色兼備。接下來依然會繼續成長，愈發地增添風采。

犒賞辛勞的紅葉

雜木類的葉子開始轉變成紅葉時，就表示樹木即將邁入休眠期。終於可以在披著彩衣的林子裡一邊玩耍，一邊放鬆休息了。

打造樹形的基礎知識&基本作業

以下將解說構成樹形、享受盆栽創作樂趣之前，必須具備的基礎知識，與構成各種樹形的共通基本作業要點。

了解樹形

10種最基本的樹形盆栽景

樹形盆栽的種類非常多，
本書中將介紹姿態豐富多彩的
10種最基本的樹形。
都是初學者容易理解
且能夠輕易駕馭的樹形。

挑戰喜愛的樹形
學習盆栽的精髓&創作技巧

生長在海岸邊斷崖峭壁上的松樹、不畏風雨吹襲的針葉樹、為了尋求陽光而拚命地往上生長的山中樹木、山野中的雜木林……大自然中廣泛存在著樹形盆栽的基本型態。運用造型技巧，將原本生長在嚴峻大自然環境中的樹木調整得更有形、更漂亮、更具觀賞價值的就是樹形盆栽。

其中被譽為「銘木」的盆栽，未必都屬於這類樹形，由此可見，創作盆栽其實不需要拘泥於形式，以基本樹形為範本，先體驗打造樹形的基本作法，感受一下盆栽的精髓，就能早日學會打造樹形以創作盆栽的技巧。找出喜愛的樹形，試著挑戰看看吧！

模樣木型

可欣賞到主幹與枝條往前後左右彎曲生長的模樣，充滿造型之美。

⇨P.24至P.37

直幹型

像矗立在山坡上的一棵大樹，根部往四面八方生長而緊緊地抓住大地，表現強韌生命力。

⇨P.38至P.47

斜幹型

表現出生長在斜坡上或長年受風往同一方向吹拂，致使主幹往左右的任一側傾斜的樹形。

⇨P.48至P.55

雙幹型

一棵樹由植株基部開始一分為二，分成親幹與子幹的樹形。

⇨P.56至P.59

風飄型

像生長在沿海一帶的松樹，表現主幹與枝條受到強風吹襲而往同一個方向生長的姿態。

⇨P.80至P.85

叢生型

一棵樹長出多根樹幹的樹形。讓人聯想到雜木林的景色。

⇨P.60至P.65

文人型

主幹纖細且只有上方處⅓長枝條，外型灑脫飄逸，為江戶時代的文人或詩人最喜愛的樹形。

⇨P.86至P.91

組合植栽型

一個花盆裡組合栽種多棵樹木，栽種棵數為單數，表現森林景色之美。

⇨P.66至P.73

附石型

將樹木種在天然石的凹處，表現樹木生長在山上或海岸岩石上的姿態。

⇨P.92至P.97

懸崖型

表現樹木長在懸崖峭壁上的姿態。枝條高於盆緣的樹形稱半懸崖型。

⇨P.74至P.79

適時地維護管理

四季栽培行事曆

那根枝條需要彎曲、這根枝條需要修剪、想把小樹移植到花盆裡……一想到這些步驟就想馬上動手處理，但植物有成長期與休眠期等生長週期，若維護整理時機不恰當，可能影響樹木的生長，導致無法享受賞花或賞果的樂趣，因此整理出各個季節適合維護管理的時間表。樹種別栽培行事曆請參閱P. 136。

◆適合此時期的維護管理作業

★盆栽的最佳觀賞部分

春

3月

◆**修剪**

◆**春季花卉類花後修剪**

◆**雜木類・花卉類纏線塑形**

◆**移植**

◆**松柏類施置肥**

★春季花卉（梅花・櫻花、茶花・通條木・長壽梅・連翹・疏花瑞木）

4月

◆**花卉類花後修剪**

◆**果實類纏線塑形**

◆**松樹・雜木類摘芽**

◆**松柏類移植**

◆**松柏類・花卉類・果實類施置肥**

★雜木類發芽

★薔薇科花卉（櫻花・垂絲海棠・小葉石楠・山楂・海棠果等）

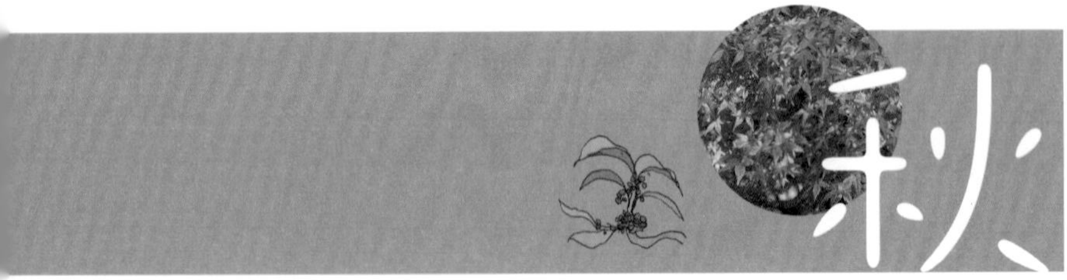

秋

9月

◆**松柏類・雜木類拆除鋁線**

◆**薔薇科花卉類移植**

◆**松柏類・花卉類・果實類施置肥**

★長壽梅的花朵

★落霜紅・山橘・山楂的果實

10月

◆**松樹疏葉**

◆**花卉類・果實類拆除鋁線**

◆**薔薇科花卉類移植**

◆**施置肥**

★野漆樹的紅葉

★長壽梅的花朵

★果實開始成熟變色（落霜紅・小葉石楠・山橘・紫珠・山楂・海棠果・火刺木・西南衛矛等）

11月

◆**松樹疏葉**

◆**果實類修剪・纏線塑形**

5月

- ◆雜木類・花卉類修剪
- ◆魚鱗雲杉・杉木・真柏・檜木摘芽
- ◆雜木類摘芽・修剪葉片
- ◆雜木類・花卉類・果實類纏線塑形
- ◆施置肥
- ★雜木類的新綠
- ★薔薇科花卉（垂絲海棠・小葉石楠・山楂・海棠果・火刺木等）

6月

- ◆松樹切芽
- ◆魚鱗雲杉・杉木・真柏・檜木摘芽
- ◆雜木類修剪・摘芽・修剪葉片
- ◆花卉類・果實類施置肥
- ◆梔子花・火刺木的花朵
- ★梔子花・火刺木的花朵

7月

- ◆魚鱗雲杉・杉木・真柏・檜木摘芽
- ◆雜木類修剪・摘芽
- ★夏季花卉（姬娑羅・合歡・梔子花等）

8月

- ◆松樹摘除側芽
- ◆魚鱗雲杉・杉木・真柏・檜木摘芽
- ★合歡花的花朵
- ★山橘開始結果

- ★雜木類的紅葉
- ★枹櫟的果實（橡實）
- ★茶花・長壽梅的花朵
- ★秋季的果實類（落霜紅・小葉石楠・山橘・梔子花・紫珠・山楂・海棠果・西南衛矛等）

12月

- ◆果實類修剪
- ◆纏線塑形
- ★季花卉類（茶花・長壽梅等）
- ★冬季果實類（落霜紅・小葉石楠・山橘・梔子花・山楂・火刺木・西南衛矛等）

1月

- ◆松柏類・雜木類・花卉類纏線塑形
- ◆果實類年後摘果
- ★梅花開花
- ★冬季花卉類（茶花・長壽梅等）
- ★落霜紅的果實

2月

- ◆修剪
- ◆松柏類・雜木類・花卉類纏線塑形
- ◆雜木類・花卉類果實類移植
- ★冬季花卉類（梅花・茶花等）

基本作業

修剪&纏線塑形

牢記奠定良好樹形基礎的修剪與纏線塑形兩項作業技巧吧！為了創作出更優美的盆栽，須儘量避免造成樹木的負擔，請遵守以下介紹的基本原則。每一種樹形的作業技巧請一併參考各樹形介紹。

修剪的基本原則

將太長的枝條剪短以調整樹形；減少枝葉以避免太茂盛……修剪是創作盆栽不可或缺的維護管理作業。修剪還可促進分枝以增加枝條數。修剪時必須使用刀刃細尖銳利的專用剪。該保留或修剪哪根枝條？建議一邊思考這個惱人卻有趣的問題，一邊一再地進行修剪，使樹木漸漸趨近於理想樹形。

◯ 靠近健康的芽・葉・枝的上方修剪

需剪短新枝時，靠近健康的葉或芽的上方修剪。圖中為日本山毛櫸。

修剪已分枝的老枝時，靠近枝條分枝點上方進行截剪。圖中為茶花樹。

✕ 從枝條中途剪斷

由枝條中途剪斷時，除了修剪痕跡太顯眼之外，易因留下的枝條枯萎而造成樹木的負擔。

◯ 預測新芽的生長方向

已進入落葉期的落葉樹，靠近芽的上方修剪。從芽的朝向就能預測枝條的未來生長方向。一邊想像著目標樹形，一邊修剪以打造樹形。圖中為櫻花。

纏線塑形的基本原則

纏線塑形是指在主幹或枝條上纏繞鋁線（盆栽專用鋁線，請參閱P.126），再依喜好彎曲、矯正枝幹形狀的樹木塑形作業。與修剪作業同時進行，即可早日趨近於理想樹形，但纏繞鋁線後，會造成樹木的負擔，因此必須於適當的作業時期（請參閱P.14至P.15、P.136）進行，並確實遵守纏線塑形的基本原則。堅硬老枝不易塑形，纏線塑形作業應儘量趁枝條還很細嫩柔軟的時期進行。

等間隔距離纏繞鋁線

由下而上，鋁線與主幹或枝條呈 45 度角，鋁線與枝幹之間不留空隙，等間隔距離纏上鋁線。鋁線與枝幹之間若出現空隙，可能降低彎曲效果，易導致主幹或枝條折斷。

小枝的纏線訣竅

纏繞分枝出來的小枝時，先在附近找一條粗細度相當的枝條，鋁線先纏繞該枝條，再纏繞小枝。配合枝條直徑，使用不粗細度的鋁線。

纏繞兩道鋁線的部分，必須平行纏繞，應避免交叉纏繞。

使用粗細度適中的鋁線

準備粗細度為主幹或枝條直徑$\frac{2}{3}$，長度為 1.3 倍的鋁線（盆栽專用鋁線，請參閱 P.126）。使用太粗的鋁線時，易因鋁線質地太硬無法隨意纏繞而影響主幹與枝條的塑形，鋁線太細則無法充分發揮塑形效果。

確實地插入植株基部

將鋁線端部摺成 L 形，確實地插入植株基部，作為纏繞起點。

彎曲枝條的基本原則

以P. 17介紹的步驟，往主幹與枝條上纏繞鋁線後，指腹稍微用力，擴大枝條之間的空間與調整角度後進行塑形。希望形成曲線模樣時，請以下述要領進行。在手放開塑形部位的狀態下彎曲枝條，易導致枝條折斷，請雙手操作。

✕ 避免手放開塑形部位狀態下彎曲枝條

在手放開塑形部位的狀態下彎曲枝條，易導致枝條折斷，必須雙手操作。

尾芽向上

○

纏繞至終點時，將枝條尾端調整向上，以形成生氣蓬勃、充滿生命力的樹形。

✕

枝條尾端向下，感覺軟弱無力的樹形。

形成往上延伸的曲線

希望枝條往上彎曲時，雙手托住枝條，一邊以拇指指腹將枝條往下壓，一邊以其他手指將枝條往上彎曲。

形成往下延伸的曲線

希望枝條往下彎曲時，雙手捏住枝條，一邊以拇指指腹將枝條往上推，一邊以其他手指將枝條往下彎曲。

了解各部位名稱

盆栽結構圖

盆栽結構如同人體，每個部位都有各自的名稱，都是很專業的用語，但因最佳觀賞部分與創作過程相關解說中經常會出現，所以一定要牢牢記住喔！

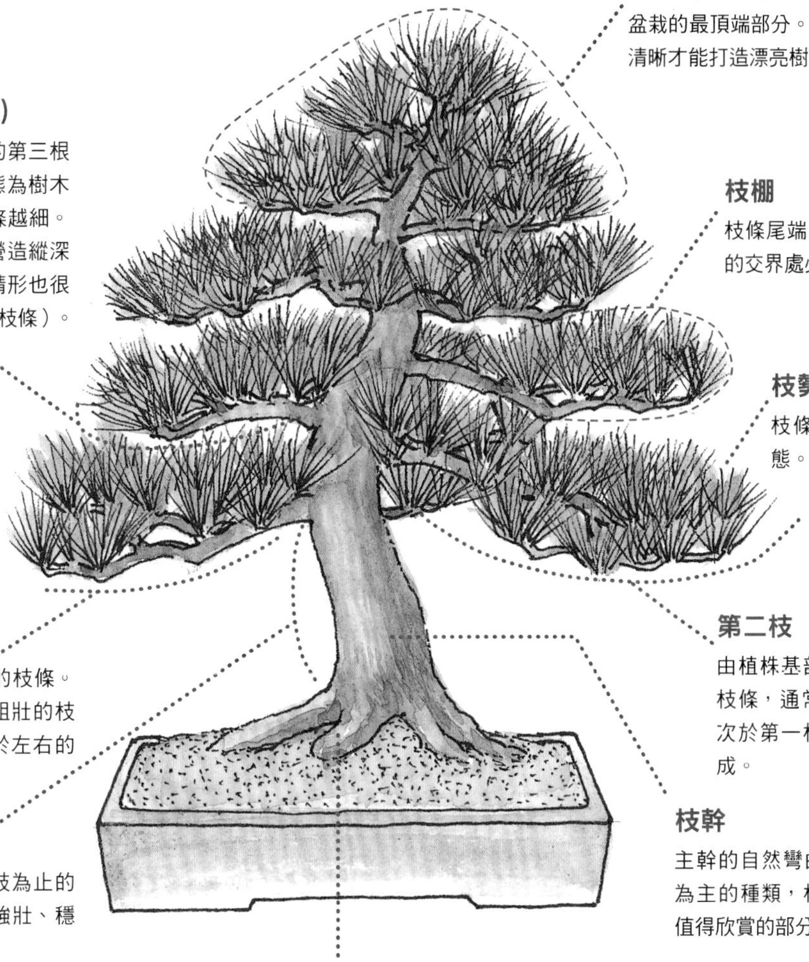

樹冠（頭部）

盆栽的最頂端部分。樹冠豐厚，輪廓清晰才能打造漂亮樹形。

第三枝（背枝）

由植株基部算起的第三根枝條。最理想狀態為樹木越往上生長，枝條越細。創作盆栽時為了營造縱深感而培養背枝的情形也很常見（盆栽背面的枝條）。

枝棚

枝條尾端的枝葉群。枝棚的交界處必須修剪確實。

枝勢

枝條的配置與平衡狀態。

第一枝

位於植株最底下的枝條。通常以盆栽上最粗壯的枝條為第一枝。位於左右的任一側皆可。

第二枝

由植株基部算起的第二根枝條，通常由粗壯程度僅次於第一枝的枝條栽培而成。

幹基

植株基部至第一枝為止的部分。幹基必須強壯、穩重，充滿穩定感。

枝幹

主幹的自然彎曲模樣。以枝幹為主的種類，枝幹的樣貌是最值得欣賞的部分。

根盤

露出盆土表面的根部生長分布狀態。最佳狀態為根部確實地往四面八方伸展。

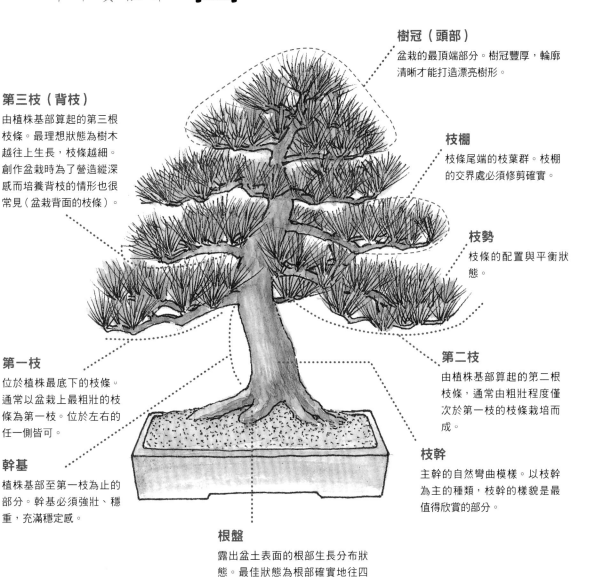

漫步奧日光
尋找創作盆栽的景色

將大自然中令人感動的美景，透過植物表現在花盆中。

「別輸給畫家」這是代代經營盆栽園的老祖宗留下的家訓。老祖宗諄諄教誨我們，大自然就是園藝的絕佳範本，盆栽創作家以植物表現自然美景與樹木姿態，技術必須日日精進，絕對不能輸給以畫筆表現美景的畫家。

當我投身大自然懷抱時，總是將困難事情拋諸腦後，努力地去吸收大自然的精華，領略大自然的奧妙，因為那就是盆栽的原點。

看到美麗的風景與大自然時，就很想透過相機或素描，留下美麗的畫面！因為除了想留在記憶裡，還希望將來能回顧欣賞。盆栽也作畫一般，珍惜在大自然或美景中的那份感受，擺在身邊享受其中樂趣，這就是創作盆栽的最重要

我從小就經常造訪奧日光，每次前往都有嶄新的發現與感動，從那裡得到許多創作盆栽的靈感。向著天空中筆直生長的樹幹，這就是直幹型盆栽的原型。

生長在瀑布周邊的樹木，為了尋求陽光，主幹與枝條拚命地往空曠的瀑布上方伸展。這就是斜幹型盆栽的典型姿態。

意涵，就是千古不變的盆栽欣賞方式。

如此一來，對於最貼近生活的日本風景與大自然就會由然產生關懷之情。造訪完全沒有經過人工維護管理的原生林、國家公園、名勝地區時，就很想看到樹木最原始的風貌。

從小父親就經常帶著我造訪奧日光。或許是因為奧日光距離我家很近，同時又是高山、高原、沼澤、湖泊、森林、瀑布、溪流等景色豐富多元的山林吧！那是一個不管去過多少次，還是會因為那裡的大自然風光不斷地在改變成長，而有不同的收穫與感動之處。到了那裡總是讓人由然產生「啊！好想把這個畫面表現在盆栽上」的創作欲，甚至連求知欲都大大地提昇，想去了解眼前那棵樹的正確名稱。幼樹、老樹、嫩葉或落葉，感受到的寒意、霧氣、風與陽光，在森林裡看到的點點滴滴，都成為創作盆栽與樹形的靈感。

想要開始展開盆栽創作的你，一定要到好好地享受接觸大自然的樂趣。即便最貼近日常生活的大馬路旁，也有自然風景。透過五感去好好地感受大自然，直至創作靈感源源不絕地湧出。

發現典型的斜幹型樹木，禁不住按下快門。的確就是創作盆栽的絕佳範本。

自然界中渾然天成的根盤。盆栽創作上也很重視根盤，係以緊緊地抓住大地的根盤，表現盆栽的強勁氣勢與巨木感。

以相機拍下令人心動的風景，以素描畫下樹木的美麗姿態，盆栽創作就此展開！

接觸大自然時，除了背著相機之外，還會帶著素描本和鉛筆。看到喜歡的枝幹時，以相機拍下枝幹的優美線條、配置等特徵，再透過素描留下底稿，更方便往後創作盆栽時參考。

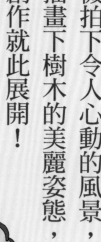

找到適合盆栽創作主題的風景，專心地透過素描留下底稿的筆者。如何擷取風景？該以哪種植物表現？盆栽創作就此展開。完成的盆栽與創作過程請參閱P.98至P.103。

樹形的創作技巧

以下將分成「盆栽的基本知識」與「盆栽的創作技巧」兩大部分，詳盡解說人氣樹形盆栽所描寫的十種風景與最佳觀賞部分，以及充滿美麗景色的樹形創作技巧。

模樣木型 *Moyougi*

堪稱王道的樹形

粗壯主幹往左右彎曲

模樣木型是以一棵樹表現大樹，堪稱盆栽創作精髓的樹形。「模樣」一詞，意思是將主幹與枝條彎曲成立體狀態。以主幹粗壯穩重，往左右彎曲形成自然「曲線」為最理想狀態。

主幹彎曲成巨大曲線的大樹，在自然界中並不是很常見。表現出樹木穩穩地扎根於大地，無視於天災與病蟲害的侵害，展現源源不絕的強韌生命力，造就粗壯主幹彎曲生長的姿態！

創作模樣木型

任何樹種皆適合用於創作模樣木型，但需要多花一些時間耐心栽培。建議採用黑松、台灣掌葉楓、三角楓、茶花等體質強健的樹種。

挑選植株基部附近的主幹粗壯穩重；枝條平均地往左右生長的樹木吧！挑選主幹直挺的樹木時，趁主幹還很細的時候，及早纏線塑形以形成理想曲線吧！

枝條部分先分別纏上鋁線，再左右交互配置。希望營造縱深感時，向著背面生長的枝條（背枝）也纏上鋁線吧！其次，希望枝條往左右伸展而使樹形顯得更大氣時，由枝條基部往枝條尾端彎曲，以形成枝條橫向或往下伸展的曲線，再將枝條尾端調整向上，以形成枝葉迎向太陽蓬勃生長的姿態。

模樣木型的最理想狀態為，樹冠部（盆栽的最頂端部分）位於植株基部的延長線上（請參閱P.31），植株基部往樹冠部的主幹越長越細。這種主幹由下往上越長越細，枝棚也越來越小的樹形，盆栽界以「諧順度絕佳」形容。

盆栽創作上對於緊緊地抓住大地的「根盤」（P.19、P.115、P.156）也很重視。創作模樣木型盆栽時，最重視的是「巨木相」，因此，根部往前後左右、四面八方生長的「八方根盤」，被視為模樣木型的最理想狀態。

模樣木型是多花一些心思栽培，枝葉就會越長越茂盛而營造出厚重感，姿態一年比一年理想，能夠讓人盡情地享受盆栽創作醍醐味的樹形。

鐮柄（小葉石楠） *Kamatsuka*

豐收年就能看到結實纍纍的盛況。創作枝條旺盛生長的果實類模樣木型盆栽，就能欣賞到風調雨順的大豐收盛況。樹齡約55年。

模樣木型的作法

盆栽的基本創作要領

纏線塑形以彎曲枝條形成曲線

運用纏線塑形技巧，試著彎曲主幹與枝條以形成曲線吧！
茶花枝條強韌柔軟，不易折斷，
建議初學者用於練習纏線塑形技巧。

適期 6月・2月至3月

以纏線塑形技巧形成曲線後完成的模樣木型茶花。使用三足鼎立的觀賞盆時，通常需調整植株與花盆的正面至其中一足位於中央。

必備用品

茶花樹苗 1 棵 ・ 鋁線（直徑 2.0mm・2.5mm・3.0mm）・ 鉗子 ・ 鐵線剪等。

模樣木型的樹形

左傾

右傾

挑選素材

一邊想像著將來的樹形，一邊選出枝幹生長狀態由下往上越來越細，從第一枝開始，枝條交互地往左右生長的幼樹。

【側面】
背面有小枝（背枝），呈現前傾狀態。

【正面】
植株基部粗壯，主幹由下往上越長越細。從最下方的第一枝（①）開始，枝條交互地往左右生長。

整姿

纏線塑形前先確認樹木傾向與背枝，再決定正面，透過修剪以調整姿態。

Point

靠近葉&芽的上方剪斷枝條

靠近葉與芽的上方剪斷枝條，新芽長出後自然就會呈現出生長傾向。倘若從沒有芽的地方剪斷，修剪痕跡就很明顯，易成為線條不漂亮的盆栽。

使用銳利的修枝剪，靠近葉與芽的上方剪斷枝條。

決定樹高，將最頂端部分（頭部）的枝條剪短。活用左傾樹形，右側的枝條也剪短。

主幹的纏線技巧

鋁線與主幹之間留下空隙時，主幹纏線後不易定形，操作過程中又容易折斷，因此建議等間隔距離纏線，鋁線與枝幹之間完全不留空隙。

1
剪下長度約樹高1.3倍的鋁線（圖中為直徑3mm的鋁線）。

2
將鋁線端部摺成L形，確實地插入植株基部。

3
鋁線與主幹呈45度角，以1cm左右的間隔，將鋁線纏在主幹上。小心纏繞，避免纏到枝與葉。

4
主幹纏繞鋁線後情形。以鐵線剪剪掉多餘的鋁線。

Point

選用粗細度為枝幹直徑2/3的鋁線

園藝店或盆栽園就能買到各種粗細度的鋁線（盆栽專用鋁線）。塑形用鋁線粗細度以枝幹直徑的2/3為大致基準。包括準備花盆時使用的鋁線，建議從直徑1.2mm至3mm，多準備幾種不同粗細度（號數）的鋁線。

纏線塑形時，建議選用顏色不會顯得太突兀的茶色鋁線。

粗枝的纏線技巧

纏繞第一枝與第二枝等比較粗的枝條時，以一條鋁線跨繞相反方向的兩根枝條，即可強化纏線功能。

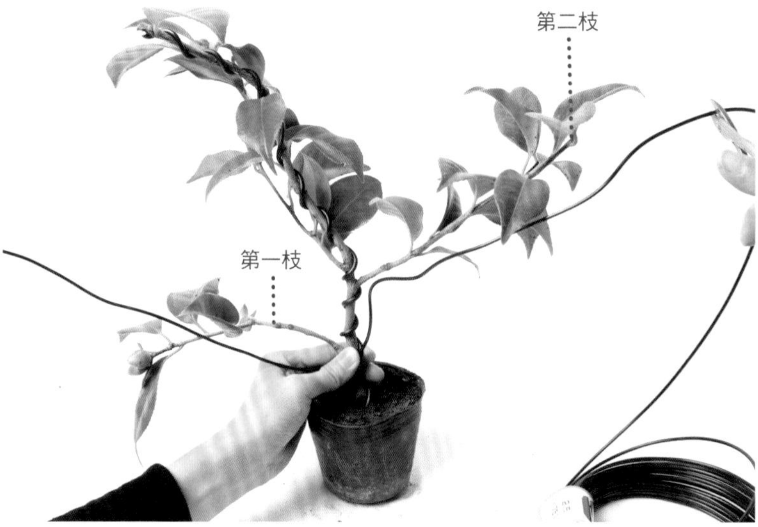

1

剪下長度約第一枝與第二枝 1.3 倍的鋁線（圖中為直徑 2.5mm 的鋁線）。

2

與纏在主幹上的鋁線平行，纏繞 1 至 2 圈。

3

與枝條呈 45 度角，將鋁線等間隔距離纏在第一枝上。

4

以相同要領將鋁線纏在第二枝上。

5

第一枝與第二枝纏繞鋁線後情形。以鐵線剪剪掉多餘的鋁線。

小枝的纏線技巧

纖細小枝也纏上鋁線吧！使用太粗的鋁線時易損傷枝條，請配合枝條直徑，選用適當粗細度的鋁線。

1

附近沒有直徑相當的枝條時，先與主幹上的鋁線平行纏繞1至2圈後，再開始纏繞小枝。

2

附近有直徑相當的枝條時，以1條鋁線跨繞2根枝條。

3

所有的小枝都纏上鋁線後情形。

Point

枝條尾端纏鬆一點

柔軟的枝條若緊緊地纏上鋁線，可能導致枝條折斷。纏繞枝條尾端或新梢時，鋁線與枝條之間必須適度地保留空隙，將鋁線纏鬆一點。

針對長得還不夠堅硬的枝條進行纏線時，鋁線與枝條之間必須適度地保留空隙，鬆鬆地纏上鋁線。

彎曲主幹

主幹與枝條都纏上鋁線後，終於可以開始塑形了。彎曲枝幹時若想一次就到位，很容易折斷枝條，必須漸漸地增加力道，慢慢地進行才行。

1

彎曲主幹的幹基部位。雙手握住幹基，漸漸地增加力道，以指腹慢慢地彎曲。

2

以相同要領一邊往左右彎曲，一邊由下往上彎曲主幹以形成曲線模樣。

3

頭部倒向斜前方，彎曲成前傾姿勢。

4

主幹形成曲線後狀態。形成一邊往左右彎曲，一邊往上攀升的姿態。

Point

頭部與植株基部位維持於一直線上

不管主幹形成多大膽的曲線模樣，只要頭部與植株基部位於一直線上，自然就會產生穩定感。

頭部與植株基部位於一直線上。

5

彎曲枝條前，暫時將分枝部位往上扳。

6

分枝形成平緩曲線後，將枝條往下調整。

7

最後將枝條尾端調整向上，以形成枝葉迎向太陽蓬勃生長的表情。

8

結束彎曲作業。進入成長期後，趁鋁線嵌入枝條前，拆除鋁線。間隔半年左右，經過多次的塑形就會漸漸地定形。

長出側芽後，為了創作出更完美的樹形，未來這部分也必須造枝。

Point

枝條折斷時的補救方法

彎曲過程中不小心折斷主幹或枝條，立即塗抹癒合劑就能修復。修剪粗壯枝條後，切口塗抹癒合劑，即可避免細菌入侵。

纏線塑形過程中，若枝幹折斷或破皮，應立即塗抹癒合劑。

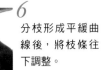

盆栽的創作技巧①

打造枝棚

枝條尾端的枝葉群就叫做枝棚（請參閱P.19）。
創作模樣木型盆栽時，需要更用心地打造枝棚。

Before

模樣木型的真柏。長出枝葉後，輪廓變得不明確，看不出主幹與枝條的傾向，也看不出枝棚與枝棚的分界。

After

透過修剪以形成枝棚，再調整成尾芽向上的情形。模樣木型最典型的主幹彎曲狀態，左右配置的枝條傾向都看得一清二楚。枝棚輪廓也都很明確，充滿凜然姿態的樹形。

Point

打造枝棚的步驟

調整整體樹形（輪廓）
＊下方枝棚留大一點，越往上枝棚越小，以營造穩定感。
↓
分別調整枝棚的輪廓
＊枝棚與枝棚之間形成空間，讓每個枝棚的輪廓都顯得很明確。
↓
整理小枝與葉
＊疏剪雜亂的枝葉。
↓
尾芽向上
＊纏繞鋁線後，將枝條尾端調整向上。

打造枝棚的修剪作業

適當時期 2月至3月

訣竅是必須由大（調整整體樹形的修剪架構）到小（減少枝葉的疏剪作業），由上往下依序完成修剪作業，以打造平衡感絕佳的枝棚。

1

×

枝條必須一根根地分別剪短。枝條由中途剪斷時，就會從切口處開始枯萎，千萬不能像拿著剃刀理頭髮似地，一下子就修剪掉一大片枝葉。

修剪時想像著完成後高度（樹高）與整體輪廓（樹形）（P.33 的 After）。修剪掉超出想像中輪廓範圍的枝條，調整整體樹形。

2

依序修剪掉超出想像中輪廓範圍的枝條。

先調整整體輪廓，再分別調整枝棚輪廓，以便枝棚與枝棚之間形成空間。修剪前以圖中手勢確認修剪長度。

Point

修剪枝條基部直接由主幹長出的小枝

主幹直接長出的枝條為不必要枝條，必須由枝條基部修剪掉。去除不必要的枝條後，就能清楚地看出主幹的傾向。

主幹直接長出枝條時，必須由枝條基部修剪得很漂亮。

除了修剪往上生長的枝條之外，向著下方生長的枝條也要修剪。

3

同樣地由上往下依序調整枝棚的輪廓。越往下枝棚留得越大，自然就會產生出穩定感。

4

考慮協調性留下左右的枝條，一邊觀察枝條的傾向，一邊依序由枝條基部修剪掉雜亂的枝條。

調整枝棚的輪廓後，修剪雜亂的枝條。

5

整理小枝與葉後情形。疏剪至這個程度也沒問題。修剪後既可促進日照與通風，又能夠預防病蟲害。

整理小枝後，由枝條基部依序修剪掉雜亂的枝條。

尾芽向上

適當時期 2月至3月

透過修剪以調整枝棚後，每一根枝條分別纏上鋁線，再將枝條尾端調整向上。將枝棚調整得好似一朵飽滿豐厚的綠花椰菜，自然就能創作出充滿模樣木型之美的樹形。

1

修剪枝棚後情形。只是修剪無法使枝條尾端向上，枝條必須一根一根地纏線塑形。

2

枝棚中最粗與第二粗的枝條，分別纏上鋁線。

3

所有的枝條都要以相同的技巧纏上鋁線（參閱P.79）。

4

纏上鋁線後，每一根枝條都分別往下拉，再調整成尾芽向上狀態。

5

所有的枝棚都以相同要領將枝條尾端調整向上。P.33 的 After 就是完成調整作業後姿態。

Point

尾端枝條不纏鋁線

尾端的細枝條必須長得夠堅硬才能纏線塑形。因此，纏線作業中途就停下來，將枝條尾端調整向上。

枝條尾端太柔軟，不纏繞鋁線，調整向上以形成蓬勃生長狀態。

盆栽的創作技巧②

改作

發現枝條受損、生長姿態不如預期或已經看膩的盆栽時，當機立斷改變樹形，變更正面、角度或更換花盆，即可營造出嶄新的魅力。這項作業稱為「改作」。

適當時期 3月至4月

1

希望主幹充滿躍動感，改變正面，形成角度，改作成斜幹型盆栽。為了更清楚地呈現主幹彎曲姿態，移植到沒有稜角、感覺很柔美的花盆。

2

取出種在花盆裡的植株，利用竹筷等仔細地撥掉泥土。由樹根基部修剪掉長得特別粗的根。

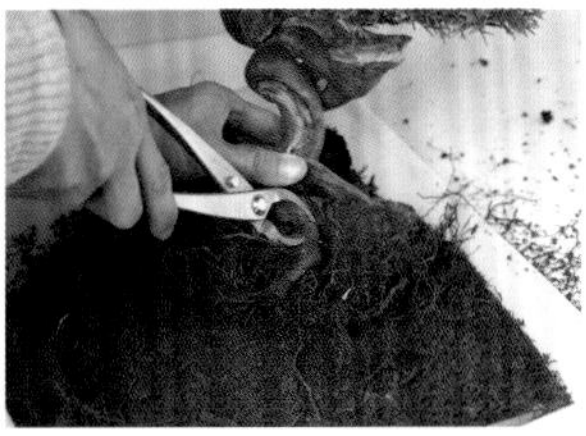

使用叉枝剪即可徹底修剪粗根而不殘留。

Before

種在沒有任何裝飾的長方形花盆裡，感覺優雅穩重的盆栽。

After

移植到小一點的花盆裡，真柏的存在感倍增，改變正面後，主幹的彎曲姿態更清楚地呈現出來。

直幹型 *Chokkan*

表現原生林的針葉樹姿態

巍峨聳立直入雲霄

由海拔二〇〇〇公尺左右的山區往下走，陸陸續續地可以看見一些偃松等灌木，及台灣冷杉、日本冷杉、鐵杉類等針葉樹。

繼續往海拔更低的山區走，就進入了針葉樹林，可以看見為了尋求陽光而彼此切磋琢磨地生長的原生林。直幹型就是這種原生林生存競爭的最佳寫照，展現的是堅強存活的樹木，更加巍峨聳立直入雲霄的氣勢。

積雪深厚的高山上，經常可見不畏風雪筆直地朝著天空生長，氣宇軒昂，姿態凜然的樹形。從基部往尾端傾斜而下的枝條，就能了解到冬天的積雪有多深。上山看到姿態姣好的針葉樹時，一定會被它那不畏風雪，一邊勇敢地面對大自然的嚴酷考驗，一邊努力地朝著天空生長的姿態所感動，由然而生想與樹枝們相互鼓勵打氣的心情。

創作直幹型

直幹型，顧名思義，就是指「主幹筆直」的樹形。創作直幹型盆栽時，必須儘量挑選具備主幹筆直生長潛質的素材，或透過纏線塑形，將主幹彎曲的素材，塑形成主幹基部起就筆直生長的狀態吧！（請參閱P.46至P.47）

接著進行枝條部分塑形。枝條分別纏繞鋁線後，非常協調地配置在植株的左右與後方等不同的方向。每一根枝條都調整成從基部往尾端傾斜而下的狀態，完成聖誕樹般樹形。

經過二至三年的栽培後，每根枝條都會分別長出小枝，小枝增加後，即可依序打造成枝棚（請參閱P.19）。移植到觀賞盆時，儘量種在淺一點的花盆裡，以突顯樹高，營造巨木感。

從最底下的枝條開始，枝棚的規模通常由下往上越來越小。但特別加大或縮小部分枝棚，以營造律動感的作法也很有趣。主幹筆直生長當然顯得比較單調，卻可透過枝條的配置、往下延伸、彎曲方法、枝棚大小等依序地為盆栽增添景色。

創作直幹型盆栽時，建議採用五葉松、杉木、杜松等松柏類，採用雜木類的櫸木則可享受掃帚型樹形的創作樂趣。

杉木 *Sugi*

生長在原生林裡，枝幹粗壯，氣勢逼人的神木級巨大杉木就是最美麗的直幹型。
圖中盆栽就是威風凜凜相貌堂堂的直幹型樹形的具體展現。樹齡約180年。

魚鱗雲杉 *Ezomatsu*

整體上描繪著平緩三角形的直幹型盆栽。由好幾層枝棚構成。從主幹上那道舍利（白色部分）就能了解到雪國嚴冬的凜冽程度。樹齡約300年。

櫸木 *Keyaki*

狀似倒立掃帚後展開，堪稱以形狀而得名的「掃帚型」創作範本的盆栽。重心比較高，但因根部往四面八方生長的根盤而充滿平衡感。樹齡約150年。

直幹型的作法

盆栽的基本創作要領

將創作盆栽的素材種入觀賞盆

將已完成基本架構的盆栽創作用素材種入觀賞盆吧！組合栽種下草類，即便樹齡不大的樹木，也能欣賞到美麗的景色。

以聳立在山丘上的一棵大樹為創作概念，將創作掃帚型的櫸木種入觀賞盆裡。直至樹木成熟呈現出姣好的姿態為止，組合栽種下草類植物，就是盆栽永遠不會看膩的創作訣竅。澆水等管理作業也很容易。

必備用品

櫸木1棵（創作掃帚型的素材）・觀賞盆・用土（極小粒赤玉土）・盆底石（小粒赤玉土）・土鏟・鋁線（直徑1.2mm・1.5mm・2.0mm）・盆底網・修根剪・竹筷・苔草。其他用品：鉗子・鐵線剪・澆水壺・鑷子等（組合栽種時準備下草類植物。圖中為石菖蒲）

直幹型的樹形

標準的聖誕樹樹形

倒立掃帚似的掃帚型樹形

準備花盆

初學者使用圓形淺盆更容易取得平衡。
挑選與原來的花盆相同大小或小（淺）一點的花盆。

1

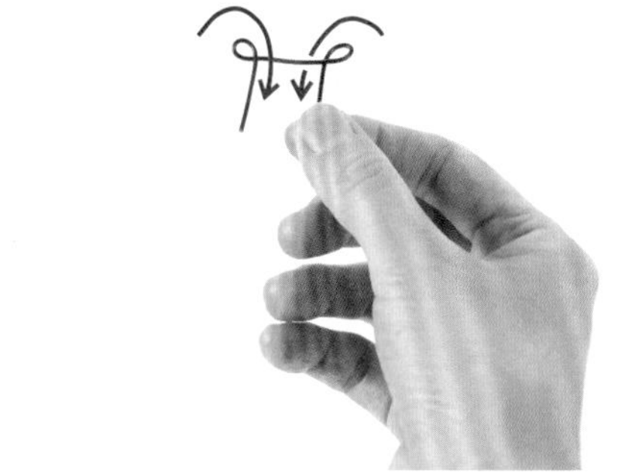

剪下一段粗細度為 1.5mm，長度為盆底孔直徑 3 倍的鋁線，以手摺成圖中形狀。

2

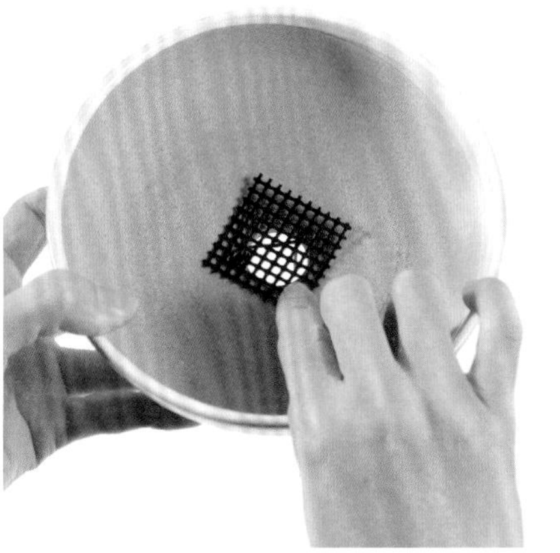

以盆底網蓋住盆底孔，再將步驟1的鋁線插入盆底孔的正中央，並以手指壓平繞成圈圈的部分。

3

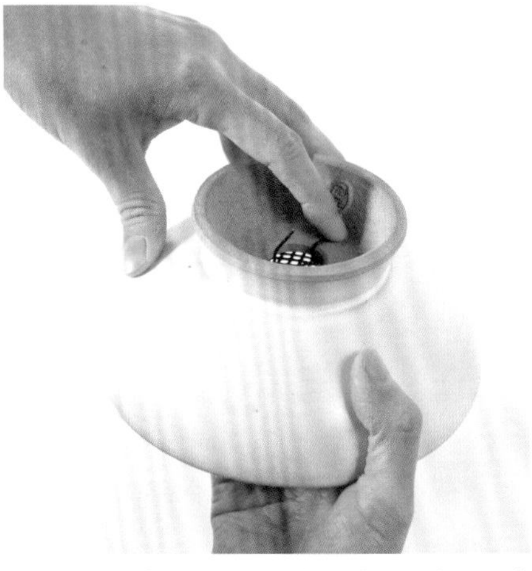

翻轉花瓶使底部朝上，摺彎鋁線以固定住盆底網。

4

剪下一段粗細度為 2mm，長度為盆底孔直徑 1.5 倍的鋁線，再纏上直徑 1.2cm 的鋁線（長度為花盆口徑的 3 倍），如圖所示，完成固定根部結構。

5

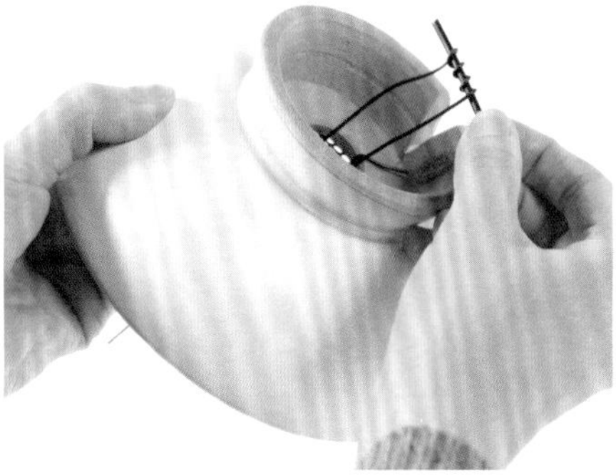

將步驟 *4* 的固定根部結構由花盆底部插入盆底孔。

6

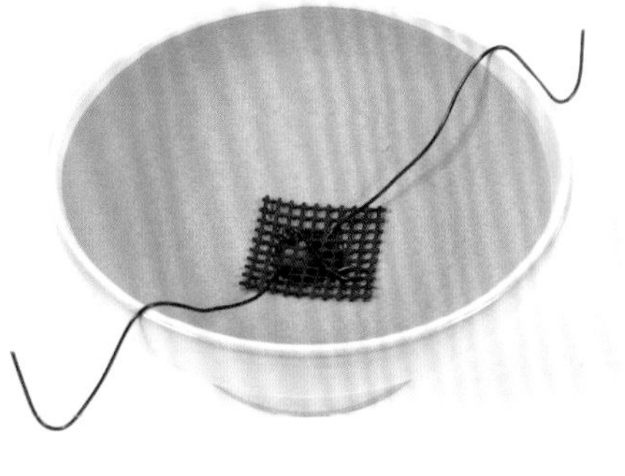

花盆翻回正面後，將固定根部結構拉到花盆邊緣，以避免影響後續作業之進行。

種入花盆裡

適當時期 2月下旬至3月

根部修剪成¼左右後，就會冒出新芽，長出茂盛的枝葉，栽培出充滿巨木感的盆栽。最適當的根部修剪時期為冒出新芽前。

1

薄薄地鋪上盆底石，程度為可大致覆蓋盆底網。

2

加入用土至看不見盆底石。

3

挖出種在花盆裡的植株，一邊以竹筷撥鬆根部，一邊撥掉泥土。

4

以修根剪將長根修剪成¼左右。

Point

仔細分辨樹木的正面

樹木有正面（表）與背面（裡）之分。盆栽都是從正面欣賞，因此，將樹木種入觀賞盆的過程中，正面隨持向著自己，栽種後正面就不會偏離位置。創作掃帚型盆栽時，可清楚地看出枝條往左右分枝生長的部位就是正面。

×

枝條看起來都重疊在一起。

○

枝條往左右分枝生長。

5

仔細分辨樹木的正面，正面向著自己，將樹木擺在花盆中央。樹木長成理想的狀態為止，亦可組合栽種下草類植物。

6

以固定根部的鋁線（鋁線）暫時固定住根部。

7

一邊加入用土，一邊以竹筷戳動用土，促使根部之間的空隙填滿用土。用土加入至盆緣處。

8

植株不會晃動後，以鉗子擰緊鋁線以固定住植株。以鐵線剪剪掉多餘的鋁線。

9

加入用土。中央的用土高高隆起，就能營造小山丘的景色。植株基部的粗根形成根盤後，就會露出盆土表面。

10

充分澆水至盆底出水為止，以鑷子夾起苔草，鋪滿盆土表面即完成栽種。

盆栽的創作技巧

適當時期　2月下旬至3月（修剪與纏線塑形同時進行時）

創作素材

挑選主幹與枝條平衡狀態絕佳的幼苗，透過修剪與纏線塑形，完成直幹型素材吧！

Before

背枝

【側面】
營造縱深感時需要背枝。

【背面】
以有背枝，背部厚實的苗木為佳。

挑選素質良好的苗木

圖中為矮性瑞壽杉。此種杉木不會長大，很適合用於創作盆栽。挑選苗木時必須仔細觀察植株基部、幹筋、枝勢、頭部的份量。幹筋與枝勢透過纏線塑形可塑形至相當程度。

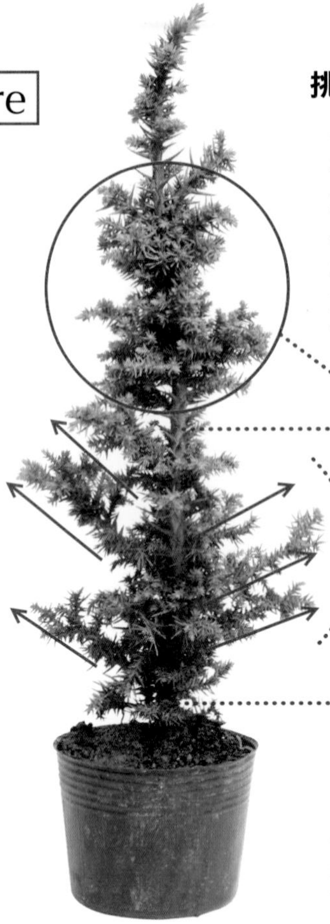
頭部有份量
主幹筆直生長
枝條交互生長，分屬於不同層次
植株基部粗壯強而有力

【正面】
以可清楚看出主幹與枝條生長狀況的那一面為正面。

After

【側面】
纏線塑形後，頭部微微地往前傾。

【背面】
背面需厚實。各枝棚的交界處都很明確。

透過修剪＆纏線塑形完成直幹型素材

修剪後，將主幹纏上鋁線，塑形成垂直狀態。枝條也纏繞鋁線後往下彎摺。枝條不足部分，經過幾年的栽培，就會長出新枝。以酷似聖誕樹的樹形最理想。

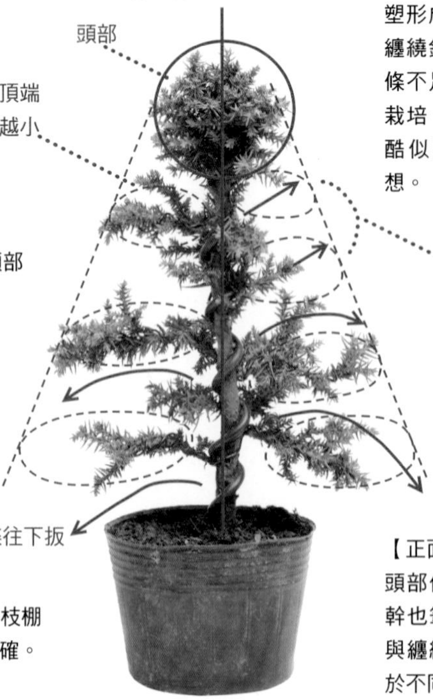
將主幹塑形得直挺挺
越往頂端枝棚越小
未來需要的枝條
將枝條往下扳

【正面】
頭部份量十足的樹形，主幹也筆直生長。透過修剪與纏線塑形，將枝條配置於不同層次。

1

以枝葉茂盛豐厚的部分為頭部，決定後將主幹剪短。

2

由枝條基部修剪掉第一枝以下的枝條，使植株基部看起來更清爽俐落。

3

由枝條基部修剪掉遮擋住主幹的枝條，以便正面可清楚地看出主幹的傾向。

4

完成修剪作業後情形。由正面看，清楚地看到主幹，枝棚也很明確。

5

將主幹部分纏上鋁線。纏線塑形方法請參閱P.17至P.18。

6

將主幹塑形成筆直生長的狀態。枝條分別纏繞鋁線後往下調整（參閱P.18）。
完成後為P.46的After。

斜幹型 *Shakan*

樹木往空間中伸展的姿態

為了尋求陽光而長出枝葉

樹木長出枝葉是為了尋求陽光。觀察雜木林，就能看到中喬木為了尋求陽光而伸長著枝條，往四面八方長成穹頂狀態的模樣。斜幹型就是最能表現出這種樹木特性的樹形。

以右傾的斜幹型為例，將左側視為靠山側，右側看成靠道路或面河川側吧！相較於靠山側，面河川側的空間比較開闊，因此，枝條就會層層疊疊地由靠山側漸漸地往面河川側生長。斜幹型具備直幹型與模樣木樹形無法呈現的輕盈感，又不像文人型那麼纖細單薄，也不是組合植栽型或叢生型般由許多棵樹木構成，一棵樹就能構成趣味性十足的樹形。

斜幹型容易和文人型（請參閱P.86）混淆，但情形並不多見。文人型只有上方長出枝條，相對於樹高，主幹纖細，感覺弱不禁風。而斜幹型給人的感覺，相對於樹高，主幹比較粗壯、有份量。

創作斜幹型

斜幹型是不需要特別挑選樹種就能完成的樹形。例如，松柏類非常適合，而台灣掌葉楓、三角楓等雜木類；櫻花、梅花等花卉類；落霜紅、垂絲衛矛、西南衛矛等果實類樹木也都推薦採用。斜幹型為表情沉穩的樹形，可襯托花朵與果實，用於表現柔美優雅、祥和溫馨風景的效果，遠勝於表現凜然姿態。

創作斜幹型盆栽的素材苗木主幹未呈傾斜狀態時，透過纏線塑形，一邊使樹木斜斜地倒下，一邊往前後左右彎曲，或推倒主幹後栽種，以強調傾斜生長的狀態吧！

最理想的斜幹型樹形為樹冠部分往主幹基部的斜上方生長，傾向於左右側的任一側。斜幹型為重心偏向於傾向側的樹形，因此也須加大傾向側的枝棚。更重要的是第一枝最好也能往傾向側生長，第二枝以後非常協調地往左右配置。傾向側的另一側也應配置枝條，以降低樹木看起來偏向傾向側的力道，以便取得平衡，但相較於傾向側，枝棚較小，背面側的枝條也一樣。

剛栽培的前幾年，必須將重點擺在照顧第一枝與樹冠部分的小枝上。第一枝微微地往下生長優於往橫向生長，枝條尾端必須再次調整向上。將枝條彎曲成在廣闊空間裡，在陽光普照的環境中生長的狀態，就是斜幹型盆栽最值得欣賞之處。

魚鱗雲杉 *Ezomatsu*

明顯地往右側傾斜的斜幹型盆栽。右下方的空間到底是溪谷呢？還是山徑呢？不由地讓人產生這種想像。每一根枝條都微微地往下延伸，姿態優美完整的盆栽。樹齡約250年。

垂絲海棠 *Hanakaidou*

海棠與蘋果等植物為近親。遠方國家的積雪開始融化了，小河裡的流水開始潺潺地流動，在春寒料峭的青空下，蘋果花與杏花繽紛綻放了一整個桃花源。垂絲海棠開花的時節，不禁讓人產生這樣的美麗的畫面。

梅花 *Ume*

將種類名稱為紅筆性的梅花樹，種植在典雅時尚的黑色花盆裡。花盆為正方形，感覺很穩定，可強調斜幹往左伸展的狀態。

斜幹型的作法

盆栽的基本創作要領

種入觀賞盆

將創作斜幹型盆栽的素材梅花樹種入觀賞盆裡吧！
一到了春天就能享受賞花樂趣。

呈左傾狀態的斜幹型梅花樹盆栽。組合栽種雛草等草花，形成樹形期間與未開花時期也賞心悅目。

必備用品

梅花樹1棵（圖中為創作紅筆性的素材）・觀賞盆・用土（極小粒赤玉土）・盆底石（小粒赤玉土）・土鏟・鋁線（直徑1.2mm・1.5mm・2.0mm）・盆底網・修根剪・鉗子・鐵線剪・鑷子・竹筷・苔草。其他用品：澆水壺等（組合栽種時準備下草類植物）。

斜幹型的樹形

左傾

右傾

協調地栽植

適當時期 9月至10月或2月至3月

創作斜幹型盆栽時，必須更用心地栽種樹木，以免呈現出傾斜的不安定感。建議初學者使用深盆，較容易穩定植株。

1

取出種在花盆裡的植株，以竹筷等撥鬆根部，撥掉根部泥土。以修根剪將根部修剪成 ⅓ 至½。

2

決定植株正面，正面朝著自己，將植株種入花盆裡。少量多次加入用土，以竹筷戳動用土以填滿根部之間的空隙。

3

加入用土至盆緣高度，以固定根部的鋁線固定住。剪掉多餘的鋁線。

4

充分澆水後鋪上苔草。將植株傾向側的另一側用土堆高一點，即可表現山側景色。

Point

強調平緩的傾向

栽種斜幹型時，對於栽種位置與角度等必須多花些心思斟酌，主幹與枝條的傾向看起來才能更生動自然。

這次使用的梅花樹齡不大，尚未形成樹形，因此，配置雛草以增加華麗感。雛草加在傾向側時，會抵消傾向平緩的感覺，因此加在傾向側的另一側。

×

避免影響樹形傾向或顯得太緊迫。

盆栽的創作技巧①

梅花樹修剪作業

修剪梅花樹必須考量花芽形成的時期。但樹齡不大的植株應以形成樹形為優先，而不是以開花為重點考量。

●3月
花後修剪

花謝後摘除殘花，留下 2 至 3 個芽點，由芽的上方剪斷枝條。

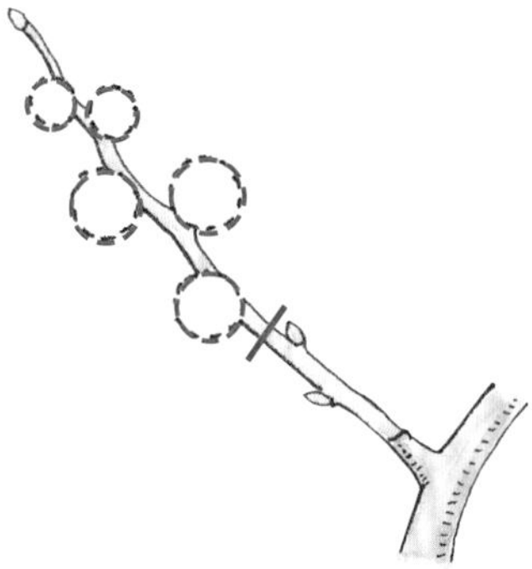

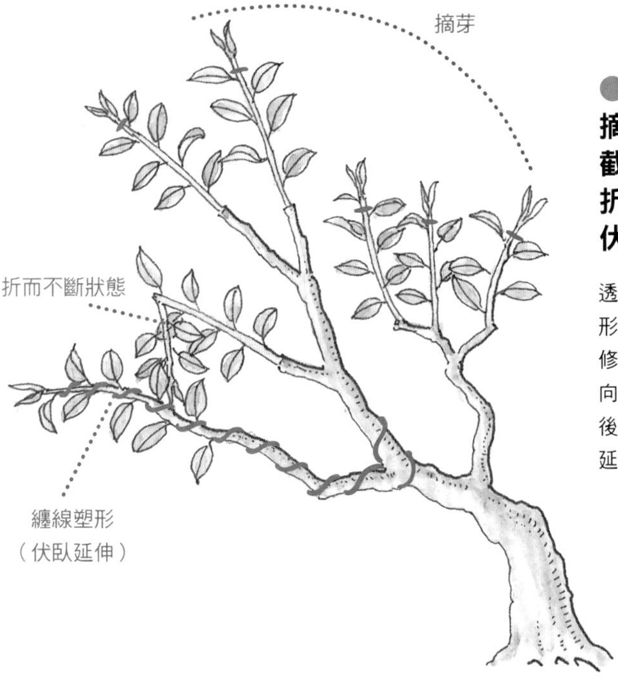

●5月
摘芽
截剪
折而不斷
伏臥延伸

透過摘芽、截剪以調整樹形。希望長粗壯的枝條不修剪，形成折而不斷狀態。向上生長的新枝纏線塑形後往下扳，形成橫向伏臥延伸狀態後造枝。

●11月
修剪徒長枝

一邊確認花芽，一邊將徒長枝剪短以調整樹形。

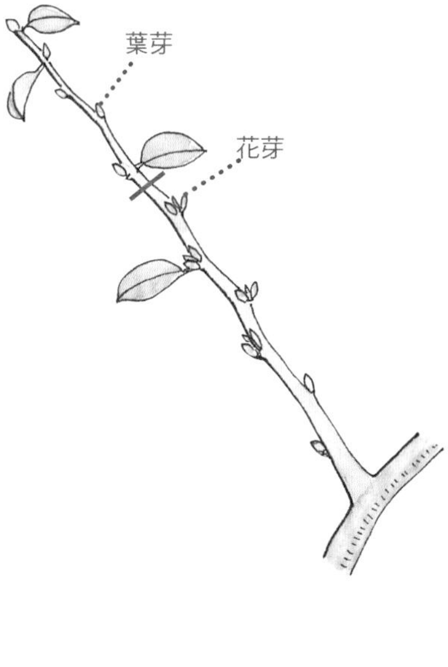

進行花後修剪

盆栽的創作技巧②

改作成斜幹型

挺直的主幹與枝條纏繞鋁線後，將手邊的盆栽改作成斜幹型吧！不必移植與修剪，整個盆栽就顯得耳目一新。

適當時期 5月至6月或2月至3月

Before

樹齡不大的小葉羽扇楓。樹下組合栽種黃芩（耳挖草）等下草類植物，樹木成形過程中也很賞心悅目。挺立生長的主幹也顯得綠意盎然，但感覺比較平淡。

After

纏線塑形後，形象更生動活潑的斜幹型盆栽。運用左圖黑松的傳統樹形與手法，塑形成充滿玩心的姿態也很有趣。

1
將鋁線（盆栽專用鋁線）端部摺成L形，確實地插入楓樹植株的基部。鋁線粗細度以主幹或枝條直徑的$\frac{2}{3}$為大致基準。

2
與主幹呈45度角，主幹與鋁線之間避免形成空隙，等間隔距離地纏上鋁線。

3
纏繞至主幹的最頂端，以鐵線剪剪斷鋁線。尾端尚未長硬的新枝易折斷，不纏繞鋁線。

4
分枝部位的鋁線纏繞成V形。並與主幹上的鋁線平行，纏繞①後固定住。

5
固定①後纏繞②部分。

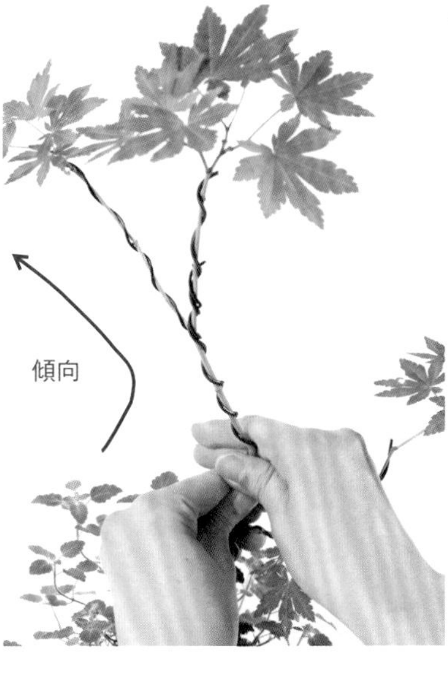

6
以雙手指腹慢慢地彎曲主幹與枝條，再往左右任一方傾斜以形成傾向（圖中為左傾）。雙手放開後用力彎曲枝幹易折斷，因此彎曲枝幹時雙手不放開。

Soukan

雙幹型

相依相偎似地一起生長的親子主幹

由兩根主幹形成巨木相

相較於直幹型、附石型、組合植栽型……雙幹型以寫實手法描寫自然風景的樹形，由植株基部開始分成大小不一的兩根主幹的雙幹型，在自然界中或許並不是很常見。雙幹型可說是靠人的雙手打造出來的嶄新造型。

兩根主幹一邊相依相偎，一邊描繪出大樹姿態的樹形，被視為吉祥如意的象徵。日本傳統藝術能劇舞台的鏡板上描繪的老松樹為模樣木型，其中亦不乏雙幹型。兩根主幹之中較粗壯高挑的是親幹（母幹），底下的枝幹稱為子幹，是親子與夫婦親密模樣的最佳寫照。

創作雙幹型盆栽

雙幹型是不挑樹種，比較容易創作的樹形。台灣掌葉楓、櫸木等雜木類落葉樹栽種後，主幹較容易栽培得很粗壯，擁有兩根主幹的基部較具有穩定感，因此建議初學者採用。王道樹種五葉松的雙幹型也是讓人很想擁有一盆的盆栽。

雙幹型可大致分成由植株基部就分枝成兩根主幹，與植株基部為一根主幹，樹木稍微長高後才分出第二根主幹的「幹基雙幹型」。栽培前者時，宜挑選植株基部開始就分成雙叉的素材，或兩棵樹木的植株基部緊靠在一起的素材，經過幾年的栽培，等樹皮部位結合在一起，即可栽培成一盆雙幹型盆栽（請參閱P.58至P.59）。創作後者時，宜挑選主幹的較低位置長出粗壯枝條（子幹）的樹木為素材。

創作雙幹型盆栽時，親幹的高度、粗細、枝葉量等比重都必須高於子幹以形成強弱。重點為親與子必須具備相同傾向。親幹傾向右側時，子幹若傾向左側，就無法形成理想的樹形。

其次，整理親幹傾向側的枝條，形成有助於子幹生長的空間，設法提昇樹格也很重要。親幹與子幹之間切勿形成可能導致枝幹相互交錯而顯得繁雜不堪的小枝，以便讓兩根主幹通力合作，形成一棵大樹的姿態。雙幹型是可打造成「親守護子」的大樹姿態的樹形，因此是既顯得祥和溫馨，又充滿厚重氛圍的樹形。

唐楓 *Toukaede*

左傾狀態的雙幹型，例如：新綠、綠蔭、紅葉、寒樹……是任何季節都美不勝收的盆栽。落葉後，纖細枝條上布滿霜雪的姿態最賞心悅目，充滿多次修剪與塑形後，才能完成的盆栽醍醐味。樹齡約130年。

雙幹型的作法

盆栽的基本創作要領

創作雙幹素材

剝除兩棵樹的植株基部樹皮，促使傷口癒合，亦可創作出一棵樹有兩根主幹的樹形。

適當時期 3月

結合兩棵樹木後完成的斑葉絡石雙幹型盆栽。親幹（左）與子幹（右）形成強弱，重點是兩根主幹都傾向同一個方向。

必備用品

斑葉絡石 2 棵 · 觀賞盆 · 用土（極小粒赤玉土）· 盆底土（小粒赤玉土）· 土鏟 · 鋁線（直徑 1.2mm · 1.5mm · 2.0mm）· 盆底網 · 麻繩或拉菲草 · 修枝剪 · 修根剪 · 美工刀 · 鉗子 · 鐵線剪 · 竹筷 · 鑷子 · 澆水壺等。

挑選傾向相同（圖中為右傾）的兩棵樹，以植株高，主幹粗，枝葉多者為親幹（左），植株低，主幹細，枝葉少者為子幹（右）。

雙幹型的樹形

由植株基部分成親幹與子幹的標準型（右傾）

植株稍微長高後才分成親幹與子幹的幹基雙幹型（左傾）

1

一邊觀察親幹與子幹的平衡狀態，一邊修剪調整樹形。親幹與子幹之間形成空間，修剪掉不必要的枝條，保留的枝條進行纏線塑形。

2

主幹與枝條都纏線塑形後情形。多花些心思調整成平緩的右傾狀態。

3

取出種在花盆裡的植株，整理根部後，放入水中，晃動植株以清洗根部。將兩棵樹的植株基部靠在一起以決定樹形。

4

以美工刀削除兩棵樹的植株基部相互接觸部分的樹皮。削切時須小心，避免削到根部。

5

樹皮的切口部位緊緊地倚靠在一起，以麻繩或拉菲草綁緊。

6

植株基部緊靠，將步驟*5*的植株種在陶盆或觀賞盆裡。植株基部的傷口一年左右就會癒合。栽種後就會長出枝條，漸漸地形成樹形，看起來越來越像一棵大樹。

叢生型 *Kabudachi*

一棵樹木分出枝幹後形成森林

狀似家族的樹形

園藝方面所謂的叢生，係指一棵樹分出多根枝條的樹形，或蘖枝長大後創作的樹形。

盆栽方面的叢生型創作構想也大致相同，指的是從一棵樹分出三根以上的主幹，同心協力地在花盆裡營造出森林般景色的樹形。最基本條件是每一根主幹的基部必須緊緊地靠在一起，基部分開的樹形則稱為組合植栽型（請參閱P.66）。

我曾見過由三棵叢生型杉木構成神木般壯麗景色的盆栽，但，植株基部結合在一起，由多根枝幹構成景色的氣勢與量感更驚人，更充滿家族般意境。順便一提，該杉木被稱之為「兄弟杉」。

創作叢生型

叢生型盆栽通常由3棵、5棵、7棵、9棵等單數植株構成。

促使多棵苗木的植株基部傷口癒合時（請參閱P.64至P.65），應以最粗、最高的主幹為盆栽中心的主木（親幹），再於左右依序配置第二枝、第三枝。第四枝、第五枝以後的枝條則配置在外側或後方，肩負起表現森林外緣的浩瀚感與縱深感。枝幹分別纏繞鋁線後，往盆栽傾向側展開似地形成曲線，即可創作出傾向更鮮明的樹形。位於傾向側另一個方向的主幹，應避免越往傾向側越往外側擴張，以範圍稍微收小一點比較理想。多數主幹該如何配置才能形成森林般景色呢？叢生型是最適合用於練習這方面枝條配置技巧的樹形。

其次，以木瓜梅、疏花瑞木或小葉瑞木等容易長出蘖枝的樹種為素材也是不錯的方法（請參閱P.65）。可趁蘖枝還很纖細時就纏線塑形，以形成曲線，或依序配置在想要填補的空間。而創作楓樹或薔薇科花卉、果實等盆栽時，亦可從庭園樹木、盆植樹木等，挑選相同高度長出三根以上枝條的部分，以壓條法取得素材（請參閱P.62至P.63）。利用壓條法就能馬上取得樹齡較大的素材。

相較於直幹型、模樣木型都是由一棵樹木形成樹形，創作叢生型樹形時，還可以樹齡較小的樹木增添量感。亦可選用花卉類與果實類，創作出更繽紛華麗的盆栽。

五葉松 *Goyoumatsu*

五葉松是葉子比較短小，相對地是松柏類植物中最適合用於創作叢生型盆栽的唯一樹種。此盆栽描寫的是一家人和樂融融地聽著風聲般的松林景色。樹齡約150年。

叢生型的作法

盆栽的創作要領①

以壓條法創作素材

以庭園裡的楓樹完成創作叢生型盆栽的素材吧！利用相同高度長出三根以上枝條的部分開始著手塑形。

進行壓條

適當時期 3月至5月

壓條前先修剪，確認創作盆栽後的樹形平衡狀態，再挑選適合創作素材的部分吧！

1
找出分枝長出三根以上枝條的位置，以美工刀在壓條後，於可培養成樹木的植株基部下方作記號。

2
於步驟 *1* 作記號處下方約 2cm 的位置，以美工刀削切至木質部露出。

3
以剪刀剪開塑膠花盆後，套在主幹上。

叢生型的樹形

3根主幹（左傾）

5根主幹（右傾）

4
像要覆蓋削切部位，將水苔草（以水泡發後微微地擠乾水分）塞入塑膠花盆裡，再以細繩綁紮固定。

Point
避免水苔草太乾燥
水苔草隨時保持濕潤以促進發根。

水苔草乾掉時立即澆水。

切下新株，種入花盆

半年左右就會發根，因此隔年春天即可從母株切下新株，種入馱溫盆裡，栽培成創作叢生型盆栽的素材。

適當時期 3月

1
取下塑膠花盆，以鋸子由水苔草下方鋸斷，使新株離開母株。

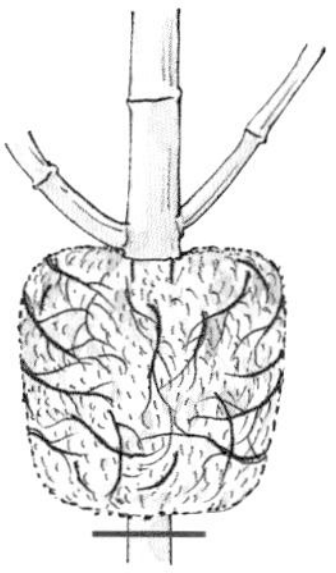

2
一邊避免傷及根部，一邊將水苔草清除乾淨，再鋸掉多餘的主幹。

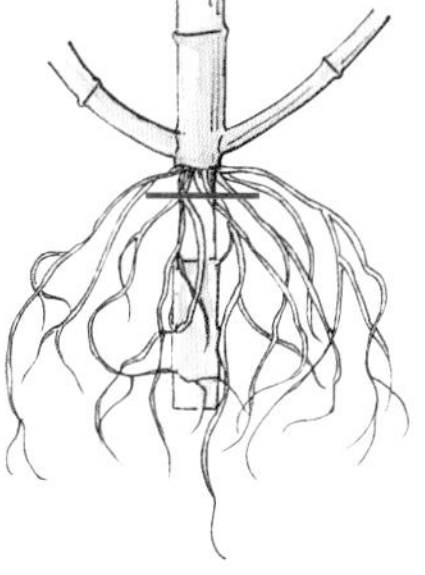

3
修剪根部，只保留1/3左右。

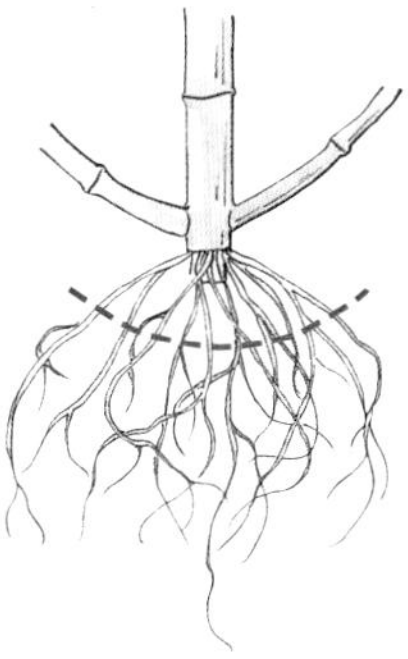

4
種入馱溫盆裡，以細繩綁紮固定，避免植株晃動。形成樹形後即可移植到觀賞盆裡，作為創作盆栽的素材。

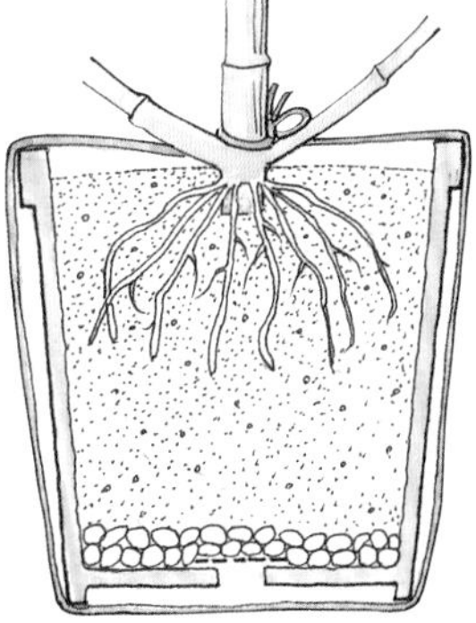

盆栽的創作要領②

使多棵苗木結合在一起

雜木類苗木的植株基部樹皮緊靠，栽種後主幹會越長越粗，植株基部就會結合在一起，經過三年左右的栽培，即可用於創作叢生型盆栽。

適當時期 3月

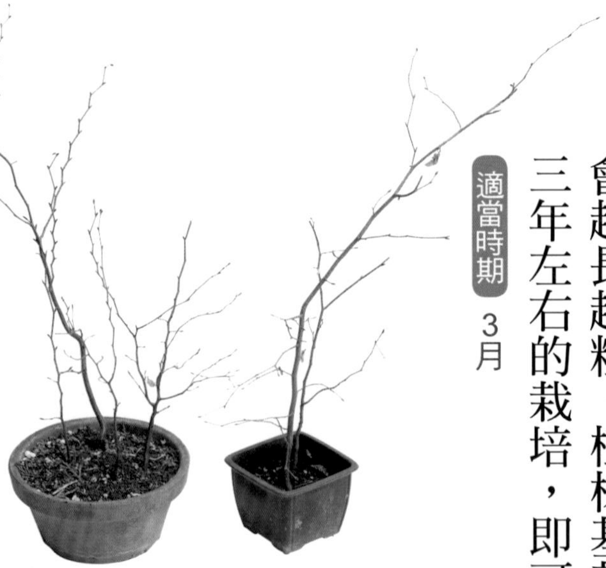

必備用品

雜木類實生苗木（圖中為紅芽 SOLO）。其他用品：竹筷・修根剪・拉菲草等。

1

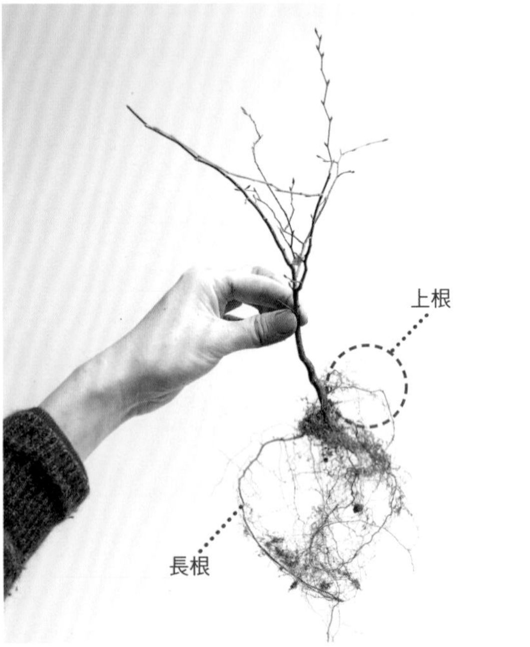

將附著在苗木根部的泥土清除乾淨。修剪根群上方的根（上根）與長根，並整理根部。

整理根部後的樣貌。整個根部修剪為原來的 ½ 左右。

Point

叢生型素材的創作步驟

準備棵數為單數的實生苗

↓

撥鬆根部，撥掉泥土

↓

整理根部
根部太長時剪短
最上方的根部由基部修剪掉，以便對齊幹基部位
整理太粗的樹根
（請參閱P.114）

↓

幹基部分的樹皮緊貼後固定住

↓

種入花盆裡

2

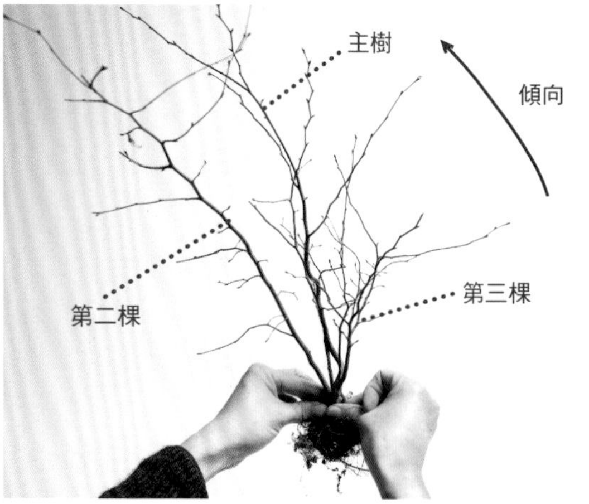

整理過每一棵苗木的根部後，對齊幹基的高度，組合苗木。以苗木中最高挑又最粗壯的親株為主樹，將第二棵苗木加在主樹傾向側，第三棵苗木加在另一側，再將最小的苗木加在後方，以營造縱深感。

3

在不影響配置，樹皮彼此緊貼狀態下，將苗木的主幹基部彙整成束。

4

以水潤濕拉菲草後捲繞在主幹基部，確實地固定住苗木。

5

種入觀賞盆或駄溫盆。透過修剪與纏線塑形，調整枝條整體狀態，經過三年左右，就會結合成一棵樹。

善加利用蘗枝

採用疏花瑞木或小葉瑞木等容易長出蘗枝的樹種，栽培過程中就會自然地形成叢生型樹形。希望栽培叢生型時，可善加利用長出強勢蘗枝的苗木。

Before

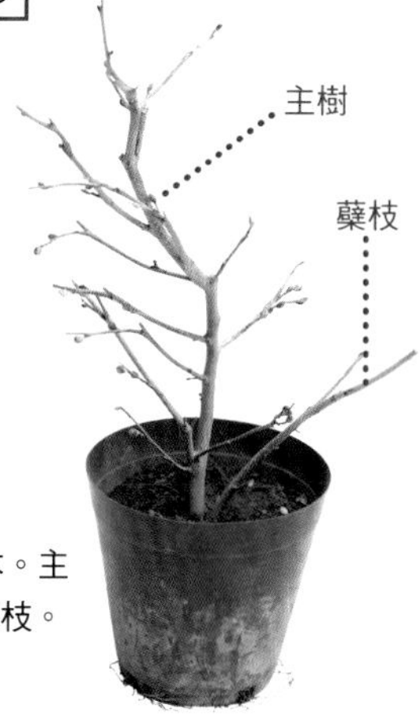

疏花瑞木的苗木。主樹旁長出強勢蘗枝。

After

小葉瑞木為疏花瑞木的同類。栽培過程中自然而然地形成叢生型態勢。

組合植栽型

Yosue

彷彿由樹梢上灑落的和煦陽光

表現森林的姿態

創作盆栽是將花盆視為大地，再以生氣盎然的植物增添景色的藝術品。宛如濃縮著浩瀚森林美景的樹形，就是組合植栽型。鎖定1至2種樹木，在花盆裡栽種5棵以上苗木，棵數以單數為宜，然後栽培成樹木林立一般。

萌芽的初春、新綠的森林、夏季由樹梢上灑落的陽光、秋季的紅葉、冬眠的森林，擁有一盆組合植栽型盆栽，一年四季都能懷著興奮的心情，在盆中的美麗森林裡散步。將層巒疊翠的森林景色盡收在花盆裡，構成充滿夢幻的氛圍。完成的盆栽品質會隨著創作者的感性與樹木的配置方式而大有不同，盆栽就是如此深奧的一門學問。

創作組合植栽型

組合植栽型盆栽並不是把苗木種入花盆裡就好，必須像一座充滿遠近感的森林才是值得一看的組合植栽型盆栽。

不同樹高，樹齡3至7年的實生幼樹，依高度排列，以最粗壯又高挑的植株為主樹（親株），作為創作盆栽的主軸。第2棵以後用於陪襯主樹、營造縱深感，或配置在左右以增添盆栽厚度，將花盆裡的樹木栽培得宛如一座小森林。再將低矮的樹木配置在森林後方或邊緣，用於營造遠近感。一個花盆可組合栽種30多棵苗木，初學栽培的人建議以5棵至13棵的組合為大致基準。

剛開始創作組合植栽型盆栽時，建議採用三角楓、櫸木、山毛櫸等雜木類樹木。栽種雜木類樹木，短期間內就會長出茂盛的枝葉，可早日欣賞到森林風情。

3月份栽種，一整年都集中於摘芽與修剪以形成小枝。組合植栽型不同於單幹型，栽種株數較多，每一棵樹的目標必須明確，枝條相互碰觸時，必須修剪較矮植株長出的枝條。其次，必須透過修剪調整樹高，設法形成以主樹為頂點，整座盆栽像三角形而穩穩地矗立著。栽種樹齡較小的雜木類樹木，很快地就會冒出新芽，積極地修剪，努力地練習，以成功地挑戰充滿厚重感的組合植栽型盆栽吧！

栽培至第二年以後，透過纏線塑形，分別為主幹與枝條營造生動活潑感，為盆栽增添風情。

山毛櫸 *Buna*

以盆栽表現日本自然遺產白神山的風景。因主幹表皮白皙而顯得格外清新。巧妙地配置著不同高度的素材而形成森林般景象，這是創作盆栽才可能表現的設計。樹齡約50年。

唐楓 *Toukaede*

由樹齡二至三年的實生幼樹開始栽培，組合植栽後第3年的模樣。主樹越來越粗壯，和周邊的樹木漸漸地形成強弱對比。林間小徑讓人不由地聯想到夏日裡的避暑涼蔭。

組合植栽型的作法

盆栽的創作要領

組合植栽型的栽種方式

以不同高度的山毛櫸實生苗木，在花盆裡描寫山毛櫸森林景色吧！

適當時期 3月

以主樹（親株）為中心，前後左右配置其他植株，整體上描繪平緩的三角形，就能構成感覺很遼闊又充滿縱深感的森林景色。

必備用品

日本櫸木實生苗9棵・苔草・觀賞盆・用土（極小粒赤玉土）・盆底土（小粒赤玉土）・土鏟・盆底網・鋁線（直徑1.2mm・1.5mm・2.0mm）・修枝剪・修根剪・鉗子・鐵線剪・竹筷 ・鑷子。其他用品：澆水壺等。

組合植栽型的樹形

標準型（右傾）

掃帚型櫸木組合盆栽（左傾）

9幹的組合植栽型

3幹、5幹、7幹……組合植栽型盆栽通常由株數為單數的樹木構成。試著挑戰由9根主幹構成的組合植栽型盆栽吧！

1

取出種在塑膠花盆裡的苗木。以竹筷一邊撥鬆根部，一邊撥掉泥土，再將根部修剪成 ½。根據樹高，依序並排，以最高又最粗壯的苗木（最左）為主樹（親株）。

2

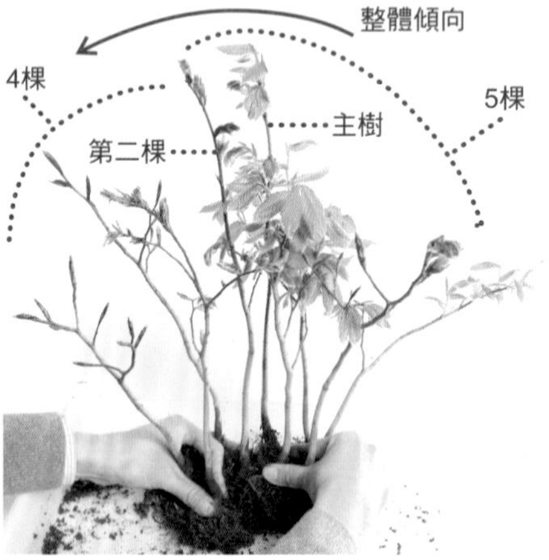

組合苗木，決定配置方式。分成以主樹為中心的5棵，以第二株為中心的4棵，更容易彙整植株。外側配置低矮的苗木以營造寬闊氣勢，以9棵苗木形成整體傾向（圖中為左傾）。

3

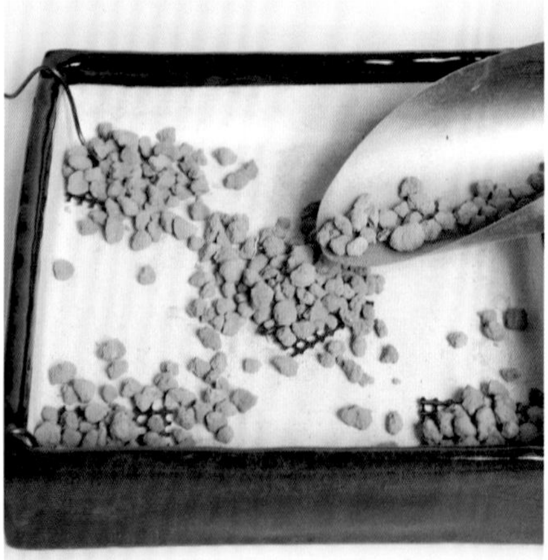

以盆底網覆蓋盆底孔，再以鋁線固定住，擺好固定根部的鋁線，網子上薄薄地鋪上一層盆底土。

4

加入用土至看不見盆底土。

Point

平衡感絕佳的組合植栽型苗木配置方式

組合栽種棵數較多時，分成5棵（大）、4棵（小）、7棵（大）・5棵（中）・3棵（小）以形成強弱，分成2至3組，更容易配置出平衡感絕佳的狀態。配置時，以主樹為中心的那一組必須份量較重，棵數較多。

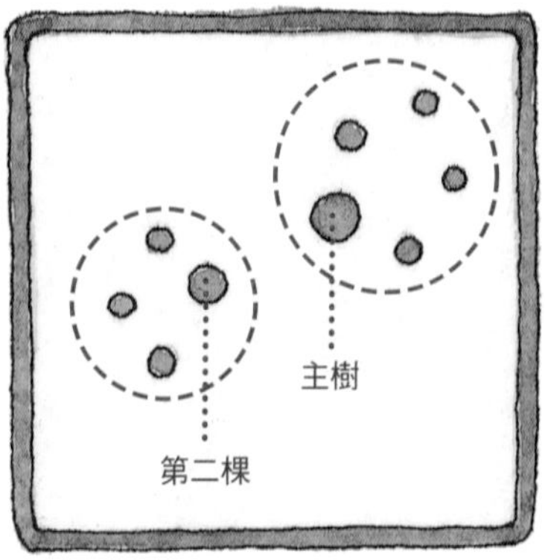

5

在不影響步驟 2 決定的配置狀態下，將以主樹為中心的 5 棵苗木整組種入花盆裡。讓根部彼此交纏在一起，植株基部整齊排列，即可完成漂亮的盆栽。

6

一手扶著 5 棵苗木，一手加入用土至苗木不會晃動。

7

將 4 棵苗木整組種入花盆裡，避免呈直立狀態，苗木稍微傾向外側，以所有的苗木描繪三角形。

8

一邊加入用土，一邊以竹筷戳動用土，使苗木之間與根部的空隙都確實地填滿用土。

9

苗木文風不動後，以固定根部的鋁線固定根部，再以鉗子擰緊鋁線，以固定得更確實。

10

填入用土至完全沒有空隙後，充分澆水，鋪貼苔草即完成栽種。

盆栽的創作技巧

形成小枝

創作雜木類組合植栽型盆栽過程中，必須多次進行摘芽與剪葉，促進枝條尾端長出細小枝葉，以營造巨木感，描寫浩瀚森林景象。

摘芽

適當時期
4月至7月

摘除新芽後，就會長出側芽。由春季到夏季，一再地摘除新芽，就會增加纖細小枝，長出茂盛的小葉。

1
以手摘除新芽。摘除細小新芽時，使用鑷子亦可。

2
摘芽後一個月，長出新芽時情形。側芽長大後，再次摘芽，又長出側芽。

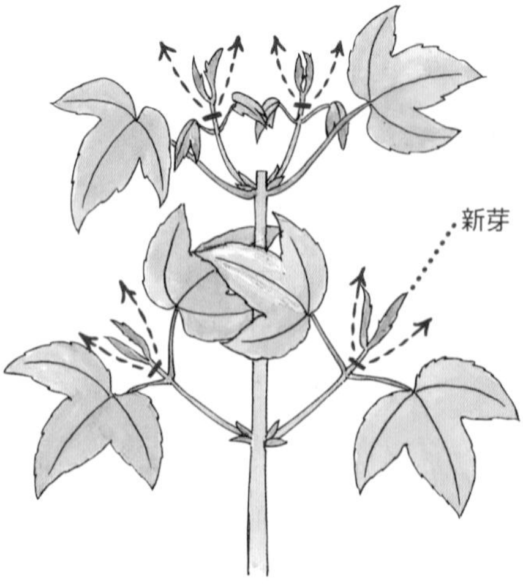

一再地摘除新芽，即可使側芽倍增。

一再地摘芽與剪葉，增加細小枝葉，最適合用於表現古木感或巨木感。

剪葉

適當時期 5月至6月

保留$\frac{1}{10}$左右的葉子，其餘部分以剪刀修剪掉。摘芽與剪葉並行，即可增加小枝，長出大小均一的葉子。

1

以剪刀剪去葉子部分。葉子通常保留$\frac{1}{10}$左右。圖中的三角楓萌芽力強，留下葉柄即可。

2

剪葉後的情形。新葉與小葉不修剪。一個月左右就會萌發新芽。

3

剪葉後一個月的情形。由修剪過的地方長出側芽而增加枝條數。剪剩下的葉柄會自動脫落。

Point

摘芽&剪葉前 先幫樹木補充能量

摘芽與剪葉係指摘除新芽或修剪掉樹葉，促使樹木一再地長出新芽的盆栽培植作業。進行摘芽與剪葉時，對樹木而言非常耗費能量，因此建議春、秋時節確實地施肥，以便樹木儲備體力。樹勢較弱的樹木則不適合摘芽與剪葉。施肥方法請參閱P.108。

以油粕等處理成塊狀的固肥為置肥，幫樹木補充能量後，才進行摘芽與剪葉。

懸崖型
Kengai

不畏逆境，歌頌生命

生長在懸崖上的樹木姿態

意思為懸在崖上的懸崖型，非常抽象地表現出：隨風搬運而來的塵土，不斷地在岩縫中堆積，種子掉入岩縫後萌芽，生生不息地在懸崖上繁衍的樹木姿態。

主幹原本由基部開始筆直地生長，主幹與枝條因為承受風霜雪雨的重壓而往下延伸，由於這個想法而將主幹往下調整。往下延伸的主幹也負荷著自身的重量，因此更加地呈現出扭曲向下的態勢。但尾端的葉子為了尋求陽光而微微地向著上方。這就是懸崖型樹形的最典型表現方式。

事實上，呈現這種樹形的自然樹並不常見。但緊緊地附著在岩壁上生長的黑松等，可於海岸線沿岸的懸崖上瞧見，都是枝條往下墜落似地生長，儘管樹上布滿枯枝，但還是能長出綠油油的葉子，從那些樹木上就能看到不畏逆境、堅強地成長的姿態。

其次，懸崖型通常指主幹低於花盆底部的樹形。主幹未低於盆底，只低於盆緣的樹形稱為半懸崖型。兩種類型皆為主幹本來應該往上生長卻都往下延伸的樹形。因此，即使將此樹形盆栽擺在其他樹形盆栽之中，也會格外地引人注目。

創作懸崖型

懸崖型是比較不需要挑樹種就能創作的樹形。對於第一次創作懸崖型盆栽的初學者而言，還是建議採用枝條韌性佳，不容易斷裂的五葉松或真柏。主幹纏線塑形後，必須往下調整，因此建議挑選樹高達到某個程度，主幹纖細容易塑形的素材。

創作懸崖型樹形時，先針對主幹進行纏線塑形。先調整為植株基部往上生長，再往左右的任一側斜斜地往下延伸，枝條往下延伸的過程中，也必須形成高低起伏，以便主幹顯得更生動，以展現樹木在嚴峻環境中生長的姿態。

側枝也必須塑形，枝條分別配置在前後左右，但須避免相互重疊。側枝塑形時，必須將尾端枝葉調整向上，以營造出尋求陽光生氣盎然地生長的感覺。

創作懸崖型時，枝條若只配置在左右側的任一側，易讓人覺得盆栽就要倒下，缺乏穩定感。因此，除了主幹往下延伸的傾向側枝條之外，另一側也必須配置枝條，以確保平衡。

鐮柄 *Kamatsuka*

兼具豐厚樹冠與穩重大氣下枝的懸崖型盆栽。懸崖型盆栽大多以松柏類樹木描寫嚴峻的風景，此盆栽則不同，兼具果實類樹木的華麗與優美氣質。樹齡約 50 年。

懸崖型的作法

盆栽的創作要領

纏線塑形以形成樹形

適當時期　2月

準備好創作盆栽的素材，加點巧思，完成喜愛的樹形吧！建議挑選植株基部先往上生長再往下延伸，幹基生長狀況良好的素材。

呈現右傾狀態的五葉松半懸崖型盆栽。可擺在高桌上欣賞。主幹與枝條生長過程中，一再地進行纏線塑形，未來若能繼續往下伸展，姿態一定更美妙。

必備用品

五葉松 1 棵 · 觀賞盆 · 用土（極小粒赤玉土）· 盆底石（小粒赤玉土）· 土鏟 · 盆底網 · 鋁線（粗細度為枝幹直徑⅔左右的盆栽專用鋁線。直徑 1.2mm · 1.5mm · 2.0mm）· 修枝剪 · 修根剪 · 鉗子 · 鐵線剪 · 竹筷 · 鑷子。其他用品：澆水壺等。

懸崖型的樹形

主幹往下延伸後低於盆底的標準型（左傾）

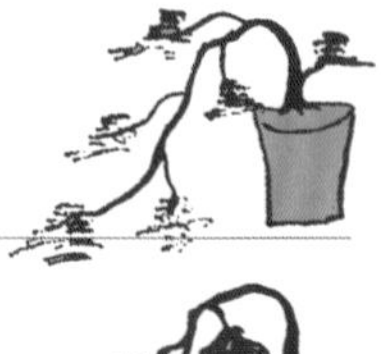

主幹往下延伸後低於盆緣的半懸崖型（左傾）

纏線

除了主幹與尾端的纖細枝條之外，所有的枝條都纏上鋁線。

挑選直徑相當的枝條，以一根鋁線跨繞不同的枝條，即可提昇纏繞鋁線的效率。

1

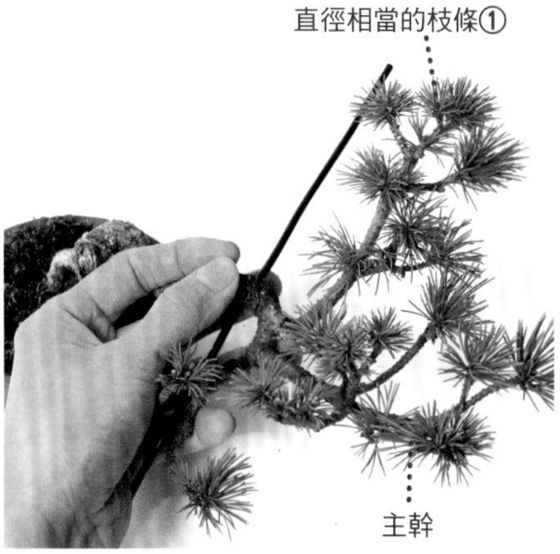

往主幹纏繞鋁線。主幹附近有粗細相當的枝條①時，兩根枝條一起纏繞鋁線亦可。準備粗細度為主幹與枝條直徑2／3的鋁線。

2

在分枝點纏繞一圈，固定鋁線後才纏繞主幹與枝條① 。

3

在枝條①上纏繞一圈，枝條②的粗枝部分也纏繞鋁線。

4

小枝也纏繞鋁線。訣竅是，纏繞前，先在分枝點下方的粗枝上纏繞一圈。

5

分枝後的小枝分別纏繞鋁線後的模樣。

6

以相同要領將所有的枝條都纏上鋁線。

塑形

彎曲主幹與枝條後調塑形狀。主幹低於盆底（半懸崖型為低於盆緣），枝條尾端都向著上方，重點是避免枝棚與枝條重疊。

1

以雙手操作，一邊漸漸地增加力道，一邊往斜下方彎曲調整主幹。

2

往下調整主幹後，將尾端枝條分別調整為向上生長狀態。

3

向上生長的枝條朝著傾向側（圖中為右傾）往下調整，尾端枝條分別調整為向上生長狀態。

4

主幹與所有的枝條塑形後情形。經過 3 個月至半年的栽培，樹木定形後即可拆掉鋁線。塑形後經過半年的維護照料，即可種入有深度的觀賞盆。

Point

傾向側的相反方向也配置枝條

懸崖型盆栽的枝幹配置都低於盆底，因此易產生不穩定感。整體傾向的另一側也配置枝條，力道上就顯得比較平均，自然地產生穩定感。

只有1根小枝朝著相反方向就顯得很安定。

盆栽的創作要領

小枝的纏線塑形

小枝也必須一根一根地纏線塑形，重點是必須耐心地纏上鋁線。善加利用分枝部位，以提昇纏線塑形的作業效率吧！

纏線塑形是一項可以讓人輕鬆愉快地全神貫注的作業。一邊觀察著整體平衡狀態，一邊配置枝幹，像作畫般慢慢地描寫景色。

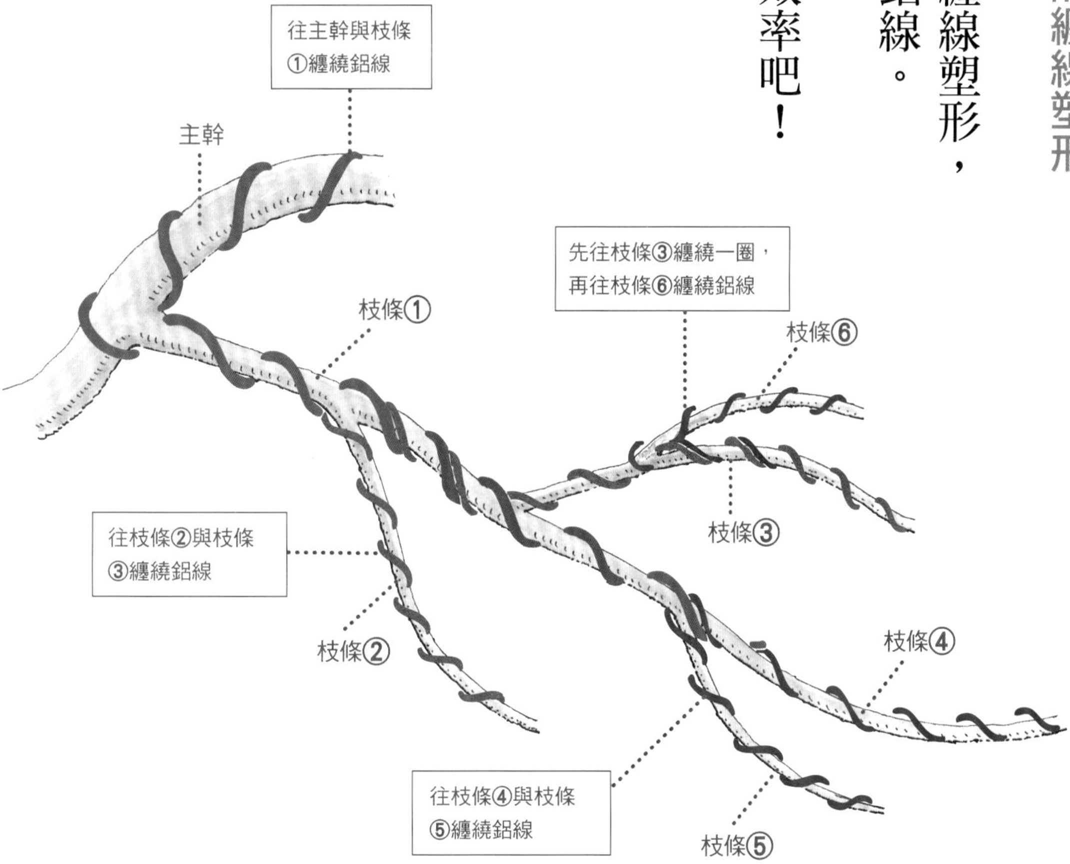
往主幹與枝條
①纏繞鋁線
主幹
枝條①
先往枝條③纏繞一圈，
再往枝條⑥纏繞鋁線
枝條⑥
枝條③
往枝條②與枝條
③纏繞鋁線
枝條②
枝條④
往枝條④與枝條
⑤纏繞鋁線
枝條⑤

在附近挑選一根直徑相當的枝條，以一根鋁線跨繞兩根枝條。善加利用分枝點，力道分散於兩個方向而顯得更安定，更容易塑形。以插圖中，主幹與枝條①、枝條②與枝條③、枝條④與枝條⑤、枝條③與枝條⑥分別跨繞同一根鋁線。纏繞兩道鋁線的部分，鋁線必須並排，不能重疊。

風飄型

Fukinagashi

不畏風吹堅強生存，姿態溫文爾雅的樹形

表現自然樹木的堅強生命力

日本四面環海，沿海地區觀光名勝不勝枚舉，隨處可見赤松或黑松等防風林、防沙林。從這些樹木不畏強風吹襲，根部緊緊地抓住大地的生長姿態，就能深深地感受到堅強的生命力與美感。以這些樹木為範本而創作出來的就是造型洗煉的風飄型樹形。

觀察風飄型樹形時，即便風處於靜止狀態，有時候耳邊還是會隱約地傳來風吹過的聲音，身上還是會有一股風吹過的冷颼颼感覺。簡單地來說，風飄型表現的是枝條迎風飄動的姿態，但眼睛捕捉到的卻是枝條的躍動感與枝條迎風飄動的「瞬間之美」。

創作風飄型

風飄型是枝條朝著同一個方向生長的樹形。相對於樹高，主幹必須顯得纖細單薄，創作風飄型樹形時，必須挑選具備這些條件的素材。若挑選主幹粗壯，感覺厚重的素材，即便枝條線條優美，也會抵消掉枝條尾端的纖細表現，難以呈現出躍動感。風飄型可能只由一棵樹木構成，不過，以多棵樹木栽培而成的情形也很常見，創作時需留意枝條傾向，避免正面看時，枝條前後重疊。

創作樹形時，應取得植株挺立，感覺比較單薄，樹齡三至四年的實生苗木。建議初學者採用枝條不易折斷的赤松、黑松、五葉松。

取得素材後，進行纏線塑形，將主幹彎曲成往橫向匍匐延伸的狀態，盡量形成枝條迎風搖曳的姿態。樹齡不大的幼樹經過纏線塑形後，易出現很快就恢復原形或枝條的彎曲狀態消失等情形，因此，纏線塑形時需要大膽地彎曲枝條。拆除鋁線時間以塑形後半年為大致基準。枝幹確實定形即表示第一回施術大功告成。倘若枝幹未定形，必須於三至六個月後再次纏線塑形，而且必須比上一次花更長的時間塑形。

經過多次塑形，枝幹定形至相當程度後，移植到觀賞盆裡吧！盡量種在淺盆裡，多花一些心思挑選花盆以襯托纖細的枝條。千萬不能種在深盆裡，以避免阻礙枝條迎風搖曳的姿態，才能欣賞到姿態優美的盆栽。

五葉松 *Goyoumatsu*

左傾的風飄型樹形。強風由右往左吹襲，從種在淺盆裡的姿態，就能感受到樹木不畏強風吹襲，根部拼命地抓緊大地的力道。樹齡約130年。

風飄型的作法

盆栽的創作要領

纏線塑形&種入觀賞盆

以赤松實生苗進行纏線塑形後，完成風飄型樹形吧！確實定形後種入觀賞盆。

描寫海風吹襲下的赤松林景色的風飄型盆栽。

必備用品

3年生赤松實生苗2盆・觀賞盆・用土（極小粒赤玉土）・盆底土（小粒赤玉土）・苔草・鋁線（直徑1.5mm・2.0mm・2.5mm等）・盆底網・土鏟・鐵線剪・修根剪・修枝剪・鉗子・竹筷・鑷子・澆水壺等。

挑選種著好幾棵實生苗的盆苗。以苗木主幹的直徑與高度各不相同的盆苗為佳。

風飄型的樹形

3根主幹（右傾）

7根主幹（左傾）

纏線塑形

適當時期 12月至2月

從主幹較粗的苗木開始，依序纏上鋁線。

纏線塑形方法請一併參閱P.17至P.18、P.77至P.79。

1

間隔 1cm，將鋁線纏在最粗壯的苗木主幹上。

2

枝條也纏上鋁線。枝條尾端纖細，勉強纏繞鋁線可能折斷，因此以鉗子鬆鬆地纏上鋁線。

3

希望形成傾向的主幹與枝條分別纏上鋁線後情形。

4

雙手稍微用力，慢慢地將主幹彎曲成隨著海風搖曳的姿態。枝條尾端調整向上。

5

塑形後狀態。感覺像被強風吹襲，枝幹往相同方向延伸，請避免枝幹重疊。

種入觀賞盆

適當時期 3月至4月上旬

定形至一定程度後，移植到觀賞盆吧！植株基部靠在一起，看起來像一整棵樹。花盆挑選事項請參閱P.43。

1

取出種在塑膠花盆裡的苗木，以竹筷等撥掉泥土，將根部修剪成 ½。對齊植株基部，決定配置方式，種成看起來像一整棵樹。

2

避免影響配置方式，一手壓住植株基部，一手將苗木放入已經設置好盆底網與固定植株用鋁線的花盆裡。一邊加入用土，一邊以竹筷戳動用土，確實地填滿空隙。

3

用土加入至八分滿左右，拉高固定根部用鋁線，以鉗子擰緊鋁線，固定住根部。多餘的鋁線則埋入用土裡。

4

充分澆水至盆底孔排出清澈的水，將用土中塵土沖洗乾淨。水完全排出後鋪貼苔草即完成。

Point

松樹整姿

松樹的枝條尾端分成雙叉，姿態就顯得格外凜然端莊。芽數太多時，只需保留兩個芽，葉子太多太雜亂而看不出枝條尾端時，由基部剪掉葉子。移植到觀賞盆前先整姿，更容易創作出理想樹形。

長滿芽與葉而顯得亂糟糟，看不出枝條尾端。由基部修剪掉多餘的葉芽，只保留兩個芽，葉子也須整理。

整姿後的樣貌。可清楚地看出枝條尾端分成雙叉的情形。

盆栽的創作技巧

挑選素材&配置的訣竅

希望打造外形姣好值得欣賞的樹形時，挑選素材步驟至為重要。以下將介紹平衡感絕佳的素材挑選方法與配置訣竅。

挑選素材

挑選適合創作風飄型，枝條纖細可表現隨風搖曳姿態的素材，再準備一些往橫向延伸的長枝條，與可營造縱深感的短枝條，準備不同長短高低的素材。

配置訣竅

風飄型樹形的整體印象取決於隨風往橫向延伸的枝條。確定整體樹高後，決定形成頭部的枝條與橫向延伸枝條的配置方式，接著配置營造縱深感的背面側枝條。

栽種後

明顯右傾的風飄型盆栽。樹長大於樹高更能突顯風飄型特色。栽種後，橫向延伸的枝條相當傾斜。

文人型 *Bunjin*

纖細主幹，翩翩起舞般樹形

展現輕盈瀟灑姿態的盆栽

日本江戶中期至末年，庶民之間興起一股園藝熱潮。人們開始享受盆栽、山野草、菊花、朝顏、東洋蘭等植物的栽培樂趣，育種技術蓬勃發展，培養出許多園藝品種。當時，最受文人騷客歡迎的樹形就是文人型。纖瘦細長的主幹，加上高處才長枝葉的外型，乍看顯得很不平衡，但輕盈曼妙的姿態卻被認為「即使整日相望，依然樂趣無窮」因此深受文人雅士們之喜愛。

水墨畫與浮世繪上描繪的赤松或黑松不乏文人型樹形，或許是美學概念上有相似之處吧！文人型是非常符合長谷川等伯創作的「松林圖」屏風上描繪的松樹恬淡優雅風格的樹形。野生松樹中不乏文人型，可作為創作盆栽時之參考。

創作文人型

文人型重心較高，由不平衡的姿態中找出美感，創作時最重要的是，相對於樹高，主幹必須纖瘦細長，感覺比較單薄。若採用主幹或枝條粗壯的素材，較無法表現出輕盈曼妙的姿態，因此挑選素材時，創作樹形的作業其實已經展開。建議初學者採用三至四年生，主幹纖細的五葉松、赤松、黑松的實生素材。

具體的作法是，只有樹高上方約$\frac{1}{3}$處保留枝條，正中央一帶以下枝條由基部修剪掉，中段以下可形成寬闊空間。保留的上方枝條纏線塑形後，可大膽地往下調整，以展示枝條優美姿態。枝條非常協調地配置在左右與後方。整體上應盡量減少枝條數，以營造恬淡優雅氛圍。其次，經過二至三年的培養，小枝漸漸地長出，即可依序培養出更豐厚的枝勢吧！種入觀賞盆時，宜選用可突顯文人型輕盈曼妙姿態的淺盆，千萬不能種在會抵消纖瘦單薄風格的深盆。

熟悉樹形創作技巧後，即可以梅花樹或茶花樹等花卉類；山楂樹或柿子樹等果樹類；台灣掌葉楓或三角楓等樹木類植物，更廣泛地享受充滿優雅意趣的盆栽創作樂趣。文人型是可從日本繪畫與蒔繪中學到輕盈曼妙又去蕪存菁生長姿態與空間營造技巧的樹形，意涵深奧無比。

五葉松 *Goyoumatsu*

以姿態輕盈灑脫的纖細主幹與淺盆，營造不平衡的險峻感，充滿文人型樹形特色的盆栽。媲美描繪在金屏風上的錦繪，能夠深深地感覺出枝條一根一根地悉心照料後展現的枝藝。樹齡約 80 歲。

文人型的作法

盆栽的創作要領

挑選素材&整姿&栽種

文人型是完全取決於選用素材的樹形。建議挑選主幹細長單薄，下方枝條較少的素材吧！

適當時期　3月至4月

1

選用主幹纖細的創作素材或苗木，從各個角度仔細地觀察，以可清楚看出主幹與枝條傾向的方向為正面。

2

種入觀賞盆前先進行整姿，修剪掉多餘的枝葉。下方⅔的枝條由基部修剪掉，多餘的葉子以鑷子等拔除，形成輕盈灑脫姿態。

3

種入觀賞盆。種法請參閱P.43至P.45。上方枝數增加後，即可陸續培養成枝棚。

必備用品

創作文人型的黑松素材1棵・觀賞盆・用土（極小粒赤玉土）・盆底石（小粒赤玉土）・土鏟・盆底網・修枝剪・修根剪・鉗子・鐵線剪・竹筷・鑷子・苔草・澆水壺等。

文人型的樹形

標準型（左傾）　落枝型（右傾）

盆栽的創作技巧①

造枝

確立樹形架構後，一邊透過纏線塑形與整姿，一邊等樹木長出枝條，一再地調整枝條姿態以提昇樹格，創作出充滿文人型風格的樹形吧！

適當時期 纏線塑形＝12月至2月 整姿＝4月至11月

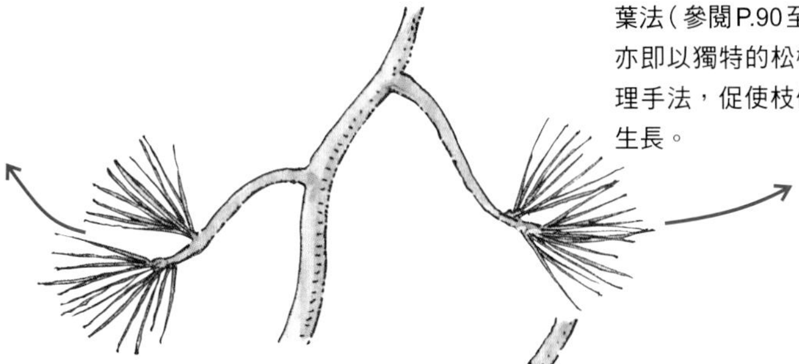

栽培過程中一再地施行短葉法（參閱P.90至P.91），亦即以獨特的松樹維護管理手法，促使枝條往左右生長。

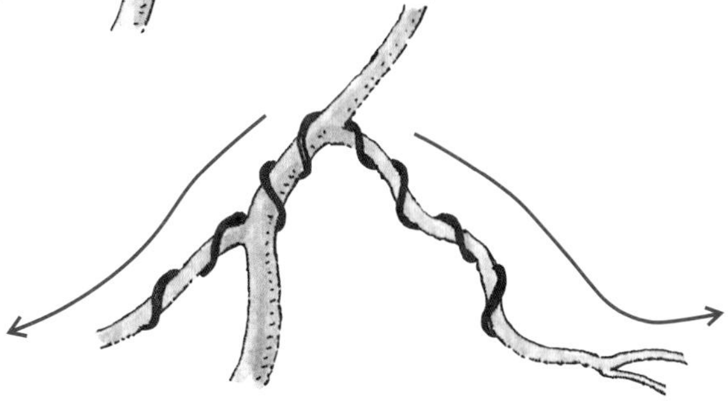

12月至2月期間進行纏線塑形，將枝條往下調整。

目標為栽培成圖中姿態。一邊想像著未來的模樣，一邊進行纏線塑形或整姿。

6月進行切芽。松樹長出新芽後若置之不理，馬上就會影響到樹形，因此以短葉法維護樹形（參閱P.90）是形成樹形期間絕對不可或缺的技巧。

盆栽的創作要領②

松樹的短葉法

黑松、赤松盆栽長出葉子後，若置之不理，葉子長長就會漸漸地影響姿態，因此必須以短葉法維護樹形。想栽培出枝葉短又整齊美觀的盆栽，一定要學會這項技巧喔！但五葉松葉子較短，不適合採用。

摘芽（摘綠）

適當時期 4月

4月中旬長出新芽後，配合中程度新芽長度，以手摘除太長的芽，以便枝葉長得更平均，此項作業就叫做「摘綠」。

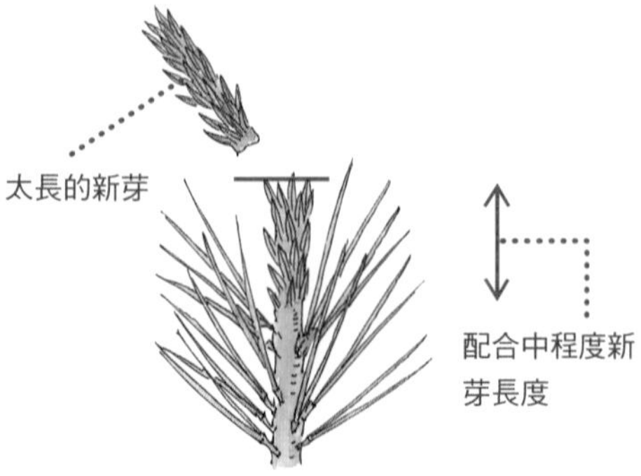

新芽太長時，配合中程度新芽長度，調整整個植株上的芽長。

切芽

適當時期 第1次（弱芽）6月
第2次（強芽・摘除弱芽後一星期）

進入6月後，松樹會再長新芽，此時若置之不理，葉子長長就會影響及樹形，必須先由基部摘除弱芽。摘除弱芽後一星期左右，由基部摘除強芽，以促使長出二次芽。錯開切芽時間，即可調整二次芽的生長趨勢。

弱芽

6月份，由基部摘除弱芽。

強芽

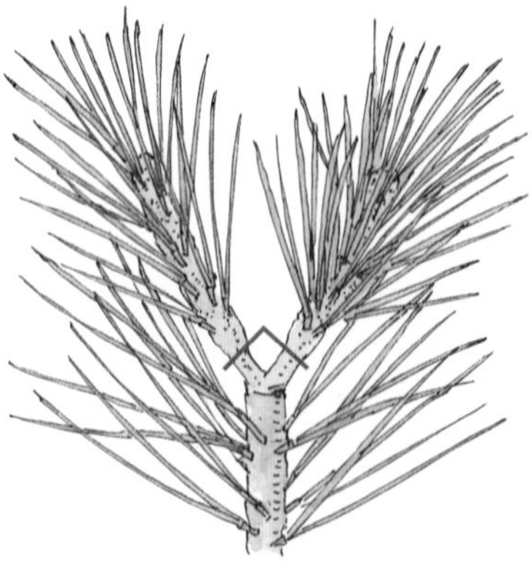

摘除弱芽後1星期，由基部摘除強芽。

抹芽

適當時期 8月

切芽後，切口處就會冒出好幾個二次芽。松樹盆栽的枝條尾端必須整齊地分成雙叉，因此保留強健的二次芽，弱芽與方向不對的惡芽等必須去除。

俯瞰時情形

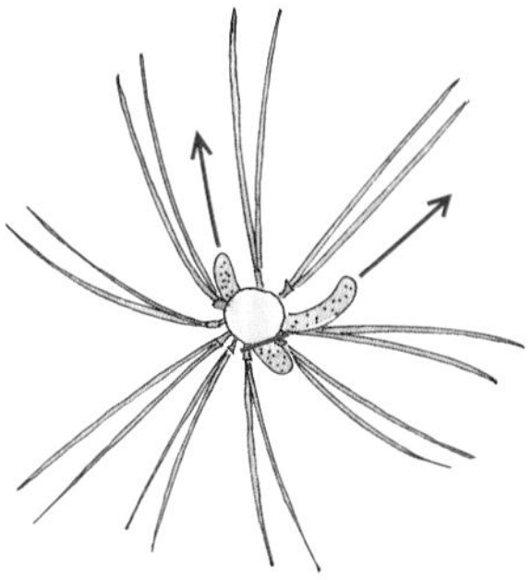

保留的二次芽長大後，枝條尾端自然分成雙叉。

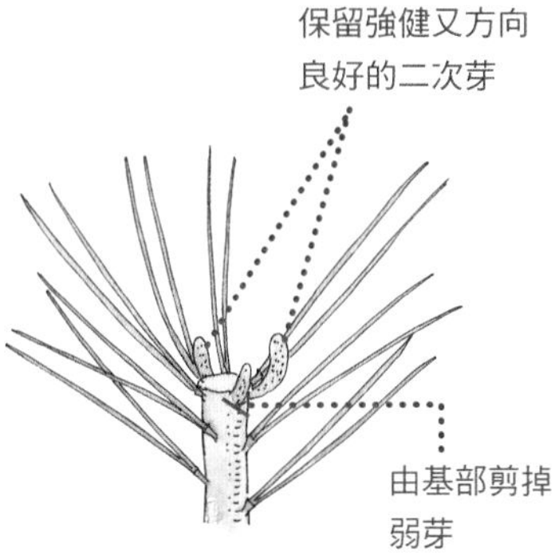
保留強健又方向良好的二次芽
由基部剪掉弱芽

疏葉

適當時期 10月至11月

植株上有葉子較多的枝條時，隔年春天就會長出過於強勢的芽，因此必須將整體葉量調整得很平均，以促使松樹長出氣勢相當的新芽。弱芽應多留葉子，強芽則少留葉子為宜。

弱芽

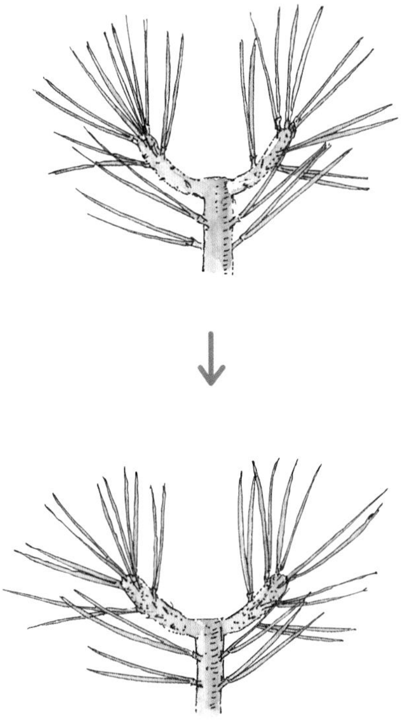

保留較多葉子

強芽

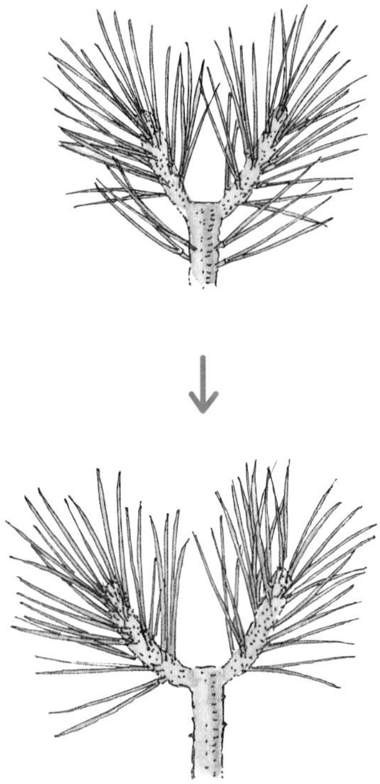

拔除較多葉子

附石型

Ishitsuki

向海岸線或深山幽谷取景

以天然石與樹木描寫嚴峻大自然

日本各地隨處可見山區迫近海岸線的谷灣型海岸，在岩石料峭嶙峋的海岸邊上方，經常可見黑松等樹木自生的景象。由高山上一口氣衝向大海的急流造型也很常見。高聳陡峭的峽谷岩壁上，還能看到松柏類與雜木類樹木在斜面凹處扎根生長的姿態。

以天然石與植物表現出充滿日本風情的大自然風光的就是附石型盆栽。將黏土質土壤與赤玉土混合成用土後，堆成一座小山似地加在天然石的凹處，栽種樹木後完成的附石型盆栽，最能表現出長在懸崖或溪谷等嚴峻大自然環境中的植物之美。

創作附石型

附石型盆栽可大致分成將樹木種在天然石凹處，與樹木露出根部，由植株基部附近的粗根抱住石材等類型。前者為道地的作法，後者的優點是可以輕鬆欣賞到附石型盆栽的風采。初學附石型盆栽的人，建議選種樹勢旺盛的黑松、赤松、五葉松、真柏、台灣掌葉楓、三角楓等樹木。熟悉栽培技巧後，也建議組合栽種長壽梅或米躑躅等，創作表情更豐富的盆栽。

適當栽種時期為春天萌芽前。仔細地撥掉根部的泥土，修剪長根後，以水洗掉原來的泥土，以促進根部在黏土質的新土中生長。一邊往根部之間加入用土，一邊以指腹按壓用土，確實地排除黏土質用土中的空氣吧！栽種後，立即於土壤表面鋪貼苔草，再以黑色細線纏繞數圈以固定住苔草，即可促使苔草早日附著在新土的表面上。

栽種後，相較於其他盆栽，維護工作必須作得更徹底。附石型盆栽易因用土裸露而太乾燥，必須擺在不會被風吹到枝處。擺在簡易溫室或沒有暖氣設備的屋內等環境裡，悉心維護，長出整齊漂亮的新芽後，就能夠放下心中大石。附石型盆栽的種法比較特殊，樹木不種在花盆裡，因此，包括水量控管與栽培場所的選擇都相對嚴格，因此比較適合有經驗的人栽培。

絕對不會輸給石材的存在感，調整枝條生長狀態，漸漸地營造出厚實感的附石型盆栽，是以大自然為範本打造的風景。

赤松 *Akamatsu*

種在宛如被驚濤駭浪掏空似的天然石上的附石型赤松盆栽。彷彿谷灣海岸常見的樹木與岩石料峭嶙峋的海邊景色。赤松樹齡約 45 年，圖中為植栽後 8 年的姿態。

附石型的作法

盆栽的基本創作要領

種在天然石上

以泥炭土與小粒赤玉土調成用土，加入天然石的凹處，栽種真柏後，栽培成附石型盆栽吧！

適當時期　3月

將真柏種在河川石（揖斐川石）凹處的附石型盆栽。

必備用品

真柏 1 棵 ・ 天然石 ・ 用土（調配比例為小粒赤玉土 2，泥炭土 1）・苔草 ・ 塑膠手套 ・ 鋁線（直徑 1.2mm）・ 瞬間膠 ・ 水泥 ・ 修根剪 ・修枝剪 ・ 鐵線剪 ・ 鉗子 ・ 竹筷 ・ 鑷子。其他用品：噴霧器等。

附石型的樹形

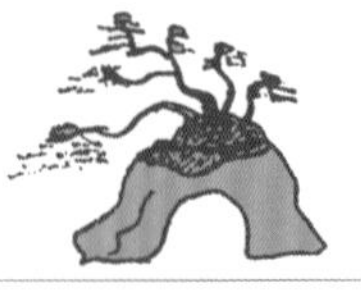

種在天然石上的標準型

根部抱住石材狀態種入花盆的類型

1

一邊撥鬆結成塊狀的泥炭土，一邊混入赤玉土。指甲間附著泥炭土就很難清洗乾淨，建議戴上手套。

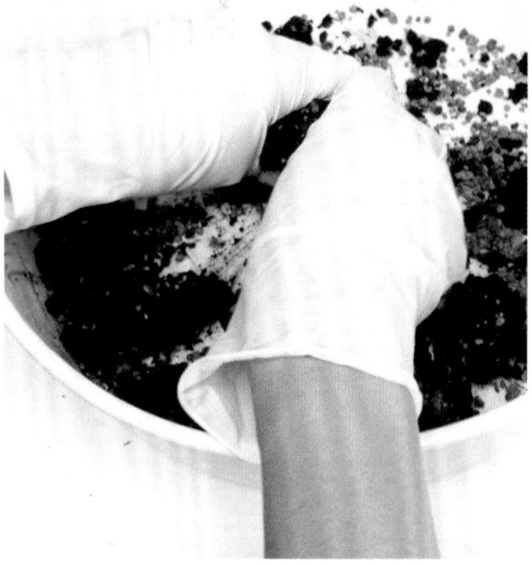

2

以噴霧器少量多次噴水後，避免壓碎赤玉土顆粒狀態下，將兩種土混合成耳垂般柔軟度。混合後將其揉成3至4個球狀。

3

決定正面，仔細觀察主幹與枝條的傾向，修剪多餘的枝葉，適度地整姿。

4

往石材的凹處滴入數滴瞬間膠。

Point

分辨真柏的樹勢

觀察葉子就能看出真柏的樹勢。葉尾扁平即證明真柏很健康。葉尾長得像杉木葉，就是樹勢太弱的警訊。樹勢太弱時，應以恢復元氣為優先考量，等樹勢恢復後，再開始栽種或修剪吧！

體弱的真柏，葉尾細尖，狀似杉木葉。

健康的真柏，葉尾扁平渾圓。

5

往凹處滴入瞬間膠後，加入少量水泥乾粉。

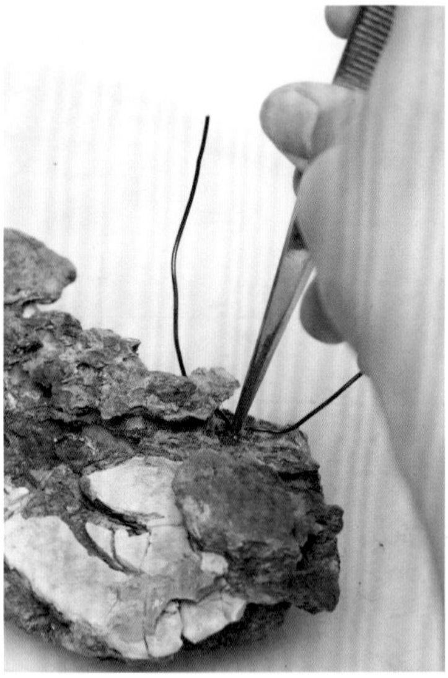

6

將固定根部的鋁線壓入步驟5的凹處，固定在石材上。

同樣地以固定根部用鋁線固定兩處。

7

取出種在花盆裡的真柏，一邊撥鬆根部，一邊撥掉泥土後，修剪根部。石頭凹處很淺，必須由基部修剪掉往下生長的直根。

8

整理根部後，放入水中，晃動植株以清除根部的泥土。泥土清除乾淨後，擺在毛巾上吸乾水分。

9

將植株擺在石材上，決定栽種角度。

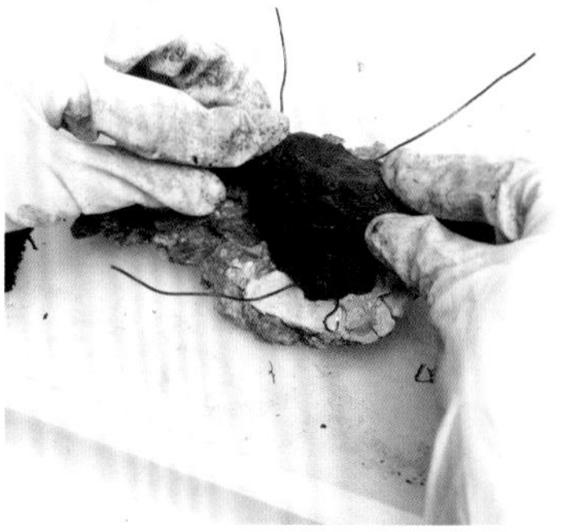

10

決定角度之後，就像擺放座墊似地，將揉成糰狀的用土，放在栽種植株的位置，將用土處理得更穩固。

11

將植株擺在步驟*10*處理好的用土上，以固定根部用鋁線固定住根部。

12

加入用土以覆蓋住根部。訣竅則是一邊以指腹按壓用土，一邊將用土壓入根部之間。

13

趁用土乾掉之前鋪貼苔草，再以黑色線等纏繞後固定住苔草即完成。

Point

附石型盆栽的維護管理

澆水

附石型盆栽易乾燥，建議將盆身較淺的花盆鋪上富士砂等，構成雙層花盆（參閱P.111），用於擺放盆栽。此方法具保濕作用，可大幅降低植株缺水的失敗機率。

移植

枝條枯萎情形越來越明顯，出現根部阻塞現象，因此以筷子戳鬆土壤，取出植株。將附著在根部的泥炭土清理乾淨後，暫時種到馱溫盆裡，待植物恢復元氣後，再移植到石頭上或種入花盆裡，還可享受幫盆栽換新裝的樂趣。

將剩下的泥炭土裝入塑膠袋裡，密封後可保存 3 個月左右。

創作型組合盆栽

以全新感覺的盆栽描寫喜愛的景色

至附石型（P.97）為止，已經介紹過十種傳統的樹形盆栽。以下將運用樹形盆栽創作技巧，以針葉樹和落葉樹完成組合盆栽，或於植株基部栽種草花，試著創作出更接近於自然植生的組合盆栽。

以樹木和草花描寫風景

自然風景是落葉樹、常綠樹、針葉樹、下草類植物等，由好幾百，乃至好幾千種植物共生共存的狀態。庭園也一樣，好幾十種植物就能組合創作出一座庭園。

因此，即便是盆栽，在花盆裡描寫的也必須是最理想的風景，將栽種的樹木由傳統的「一盆一樹」（一個花盆種一棵樹）增加至二至三個種類，再組合栽種二至三種草類植物，盡情地享受色彩豐富的組合盆栽創作樂趣吧！重點在於，心中必須有創作風景的構想，挑選的植物必須具有故事性。用心地規劃以免顯得太雜亂。

創作型組合盆栽

旅程中看到美麗的風景或庭園，先透過相機或素描留下畫面吧！「在家裡的陽台上，如果能欣賞到這麼美麗的風景」、「倘若自己也能打造這麼美麗優雅的庭園」看到美麗的畫面時，若出現這樣的靈感，即表示盆栽創作將就此展開。

首先，開始尋找植物與花盆以完成想描寫的風景吧！懷著期待的心情去逛逛專門店。近年來，利用網路購物也是不錯的方法。挑選植物的訣竅是，一個花盆栽種多棵植物，因此必須針對日照與水分等植物的喜好，組合栽種相容性絕佳的植物。花盆與植物確定後，開始整理設計造型，一邊思考植物的配置方式，一邊栽種樹木。栽種方法與一般組合盆栽大同小異。

創作型組合盆栽和傳統的組合盆栽一樣，每年都必須微微地調塑形狀，促進枝葉生長，慢慢地栽培成有深度的風景。和自然界一樣，組合栽種的草類植物也會增加或減少，因此，兩年換盆一次，換盆時補上植株或進行分株以減少植株，適度地調整栽種狀況。

在花盆裡展開的創作型組合盆栽的維護整理工作，與照顧庭園一樣。必須澆水、施肥，栽培過程中也必須透過修剪以調整姿態，開花、結果或轉變成紅葉時，不妨搬進屋裡，用於裝飾起居室等，和家人、訪客們一起欣賞，可從盆栽聊到旅行的歡笑與回憶中的風景等，使賓客間充滿著歡樂氣氛。

幼年時候的奧日光

這是描寫P.22奧日光風景的創作型組合盆栽。以針葉樹與落葉樹的新綠、下草類植物表現初夏時節山林裡的清涼感。主角為樹木與吹過山林間的風。

創作型組合盆栽的作法

超脫傳統思考，自由自在地組合栽種，在花盆裡描寫喜歡的景色吧！
栽種方法基本上和一般組合盆栽大致相同。

1 描繪設計圖

如何把想描寫的景色表現在花盆裡呢？為想創作的盆栽畫一張設計圖吧！完成盆栽的整體設計後，再想想植株的組合栽種方式吧！

2 挑選植物&花盆

決定設計後，尋找符合創作意象的植物與花盆吧！搭配樹形、樹高、葉色、形狀各不相同的植物，就能構成彼此襯托又縱深感十足的景色。訣竅是組合栽種生長條件相同的植物。

構成這次盆栽創作藍圖的日光戰場之原景色（參閱P.22）。將一棵主幹直挺的日本落葉松搭配種在落葉松右側的落葉樹，與正前方的一大片繡線菊景色表現在花盆裡。

描畫設計圖後，更容易想像盆栽的模樣。忠實地重現景色與植生很好，但偶爾改變一下造型或表現得好似某物，也能享受到創作盆栽特有的樂趣。

找不到設計圖景色中的植物也無妨，以其他植物取代即可。

挑選可與植物融為一體，不會喧賓奪主的花盆。

3 準備材料

決定植物與花盆後，準備栽種時的必要材料與工具吧！（參閱 P. 124至 P. 126）。用土必須先過篩，盡量篩除微粒。

這次挑選的植物與花盆。針葉樹挑選日本落葉松；落葉樹選定色木槭；下草類植物則選用羊齒。花盆則挑選擁有手感溫度的信樂燒手拉胚盤狀花盆。

栽種時的必要材料與工具。用土（極小粒赤玉土）・盆底石（小粒赤玉土）・盆底網・盆栽專用鋁線・土鏟・竹筷・鉗子・鐵線剪・鑷子・修根剪・修枝剪等。

4 準備花盆

栽種前先準備花盆吧！以盆底網蓋住盆底孔，將固定根部用鋁線由底部穿出（參閱 P. 43）。

栽種時，盡量避免根部太乾燥。先準備好花盆即可提昇栽種效率。

5 決定植物的姿態

栽種前分別確認植株的正面，修剪掉不必要的枝條與葉子以調整姿態，亦可透過纏線塑形，為枝條增添表情（參閱P.17至P.18）。

進行枝幹纏線塑形，將植株調整得更趨近於想像中造型。

整姿後，取出種在塑膠花盆裡的植株，一邊以竹筷撥鬆根部，一邊仔細地撥掉泥土。

根部太長時，利用修根剪修剪並整理根部。

6 決定配植方式

整理根部後，以表現針葉樹的日本落葉松為主樹，決定配植方式。將植株擺在花盆裡，還可確認植株與花盆的平衡狀態。

植物與花盆正面朝著自己，決定配植方式。將色木槭種在針葉樹主樹前面，後面栽種落葉松，就能構成縱深感十足的盆栽。

決定配植方式後，讓根部與根部交纏在一起，再以固定根部用鋁線暫時固定住根部。

7 加入用土後種入植株

決定配置方式後，一邊少量多次加入用土，一邊種入植株。加入用土至花盆的七、八分滿，確立形態後，以鉗子擰緊暫時固定根部的鋁線，確實地固定住植株。

下草類植物的羊齒也加入，再由後方依序加入用土。攏高植株基部的土壤，景色會變得更自然。

少量多次加入用土，以竹筷戳動用土，確實地填滿根部之間的空隙。

8 澆水&鋪貼苔草

加入用土後，先沖掉用土中的微粒，再充分澆水至盆底孔排出清澈的水。水完全排出後，於用土表面鋪貼苔草，栽種作業即可告一段落。

避免用土流失，以裝上蓮蓬狀噴頭的澆水壺，輕輕地充分澆水。

水完全排出後鋪貼苔草。亦可鋪貼質感與顏色各不相同的苔草，在地面上形成高低起伏或陰影。完成後模樣見 P.99。

草類盆栽

突顯樹木類盆栽的優秀配角

拈花惹草以描寫小巧迷人的原野景色

自日本江戶時代起，草類植物也被種在觀賞盆裡，成為人們喜愛又親近的盆栽。將風知草、芒草……這類生長在原野會長出碩大葉片的植物，種入淺淺的小花盆裡，就能栽培成小巧可愛的植株，創作出小巧迷人的原野景色。即便種在庭園裡就會大量繁衍而讓人很煩惱的植物，種在花盆裡就可以安心地栽培。和樹木盆栽一樣，春天時長出幼嫩新芽的模樣最惹人愛憐；夏天則會長出令人倍感清涼的枝葉；時序邁入秋季後，能轉變成紅葉的草類植物會以最溫柔的風情，告訴人們秋天的到來。

傳統的盆栽界以盆栽裝飾壁龕時，通常都會搭配俗稱「下草」的季節性草類植物構成的盆栽。例如，以松樹盆栽為裝飾時，早春搭配側金盞花、初夏搭配風知草、秋天搭配野菊，選搭可提昇季節表現的草類。以喜愛的草花完成盆栽，與樹木盆栽構成一整組，或單獨地擺在玄關、起居室等場所當裝飾，盡情地欣賞可愛的小草盆栽創作吧！

箱根羊齒
Hakoneshida

又稱日本鐵線蕨的箱根羊齒草類盆栽。種在盆身薄，外形簡單素雅的花盆裡，枝葉迎風招展，甜美可愛又充滿涼意的盆栽。

黃金風知草
Ougonfuchisou

種在小型花盆裡，因此葉子不太會長長。這樣的姿態可謂「韻味十足」。葉子眼看著就要溢出盆口，是一個充滿野趣的盆栽。

盆栽的基礎知識&維護管理

以下將介紹盆栽的置場、澆水、施肥等基礎知識。有助於和盆栽長期互動、移植、修剪等盆栽相關維護管理要領。

挑選素材

選對素材就能成功地踏出創作樹形的第一步。建議挑選可創作出近似理想樹形，適合長期栽培欣賞的素材吧！

從實生・扦插・嫁接・獨創素材中挑選適用素材

適合用於創作盆栽的素材可大致分成實生素材、扦插素材、嫁接素材，及在盆栽園裡經過多年的塑形栽培後完成的獨創素材。選用素材當然得考慮價格，但建議針對如何取得、想栽培什麼樣的盆栽等前提，配合自己的使用方式與目的，挑選適用的素材。

不管樹木塑形必須花多少時間，若想栽培曲線柔美的盆栽，建議採用實生素材；若是重視價格，建議採用扦插與嫁接素材；若想縮短栽培時間，建議採用已經奠定樹形基礎的獨創素材。不管選擇哪種素材，都必須仔細地確認枝條數，避免選用枝條數太少的素材。

此外，葉色、病蟲害痕跡、根部的生長狀況等也必須確認，務必挑選健康的素材。

實生素材

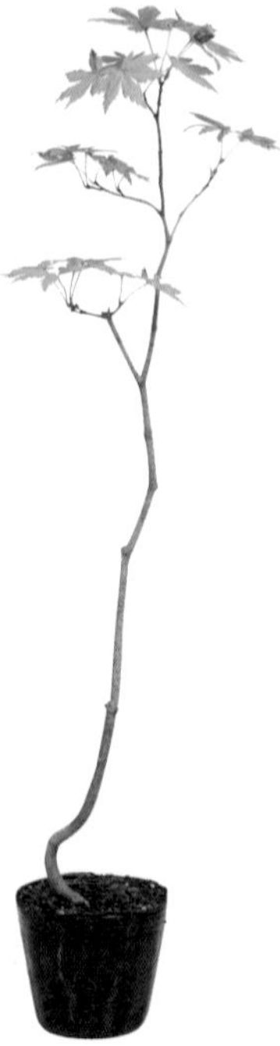

由種子開始栽培起的苗木。生長期間較長，幹基柔軟，適用於創作自然樹形的盆栽。創作組合盆栽等，苗木使用量較大時也建議採用。圖中為楓樹。

嫁接素材

嫁接與扦插素材，幹基直挺，與實生素材可明確區分。品種以花卉類和果實類占多數。圖中為楓樹的嫁接苗。

獨創素材

事先完成基本架構的素材。一邊活用植株架構，一邊栽培成喜愛的樹形，可縮短栽培時間。圖中為楓樹的獨創素材。希望栽培成模樣木等樹形的盆栽。

健康素材的辨別方法

挑選素材不應著重於樹木的姿態，必須挑選健康的樹木或苗木。健康素材葉色深濃，枝條數較多，節點距離不會太密集。植株是否生病或出現害蟲痕跡，也必須仔細地確認。

葉色深濃、枝葉茂盛的健康黑松素材。

同樣為黑松素材，但葉色枯黃，枝條稀少。

盆栽用土

創作盆栽必須在空間有限的花盆裡栽培植物，因此必須使用透氣性、排水性、保水性皆均衡的土壤。

土壤是植物的家

盆栽用土以顆粒狀赤玉土為主。赤玉土為多孔質土壤，顆粒中適度地確保水分（保水性），多餘的水分從顆粒之間排出（排水性）。空隙中飽含氧氣，透氣性也相當良好。市面上販售的赤玉土依顆粒大小，大致分成粗粒、中粒、細粒、極小粒，栽培時通常使用極小粒，盆底石則使用小粒。向專門販售盆栽素材的園藝店或盆栽園等，可買到極小粒赤玉土。

使用前建議先篩除微粒（赤玉土碎掉後形成的粉狀物），盡量使用顆粒大小均一的赤玉土。用土中含微粒時，易因微粒阻塞而影響排水作用，引發腐根病。

栽培用土

鹿沼土（小粒）

顆粒中的孔洞多於赤玉土（多孔質），透氣性、排水性俱佳。創作盆栽時，常見以赤玉土 2：鹿沼土 1 比例調配用土使用的情形。

赤玉土（極小粒）

最基本的植栽用土。顆粒堅硬，透氣性、排水性、保肥性、保水性俱佳。無法取得極小粒赤玉土時，將小粒過篩即可替代。

泥炭土

黑色黏質土。適合創作附石型盆栽等，植株無法種入顆粒狀土壤的盆栽時使用，攏高土壤，形成起伏景色時也適用。

赤玉土（小粒）

盆底鋪一層盆底土即可促進排水。搗碎成微粒反而使排水效果變差，建議挑選顆粒較硬的小粒赤玉土。

肥料

花盆的空間小，能夠容納的土壤量較少，因此不使用基肥，以免根部直接接觸到肥料，靠追肥為植物提供養分。

以固肥為置肥

栽培盆栽時，建議使用骨粉、魚粉、米糠等有機物質調配而成的固體油粕（玉肥）。施肥後澆水時，養分就會融入水裡，進入土壤中分解成微生物，經由根部吸收，慢慢地發揮效果。基本的施肥方法是當作「置肥」，置於盆土表面。施肥時機以樹木成長期的春季、儲備過冬體力的秋季，每個月施肥一次為大致基準（參閱P.136・P.141・P.146・P.150）。施肥後經過一個月，肥料的形狀依然完好，但養分早就不存在，因此必須再次施肥。

另一方面，植物需要立即補充養分時，使用速效性液肥效果比較好。花卉類植物的開花期等，需要立即補充更多養分時，必須一個星期施肥一次，使用液肥以取代澆水。

常用肥料

栽培盆栽時，建議使用油粕等凝固而成，效果慢慢地發揮（緩效性）的有機質固肥。

液肥

以水稀釋成規定倍數，澆水時施肥。

將固肥放入塑膠材質的肥料容器（參閱P.126）後插入土壤，澆水時，肥料就會滾落到土裡，又可避免鳥兒啄食。

固肥的施肥法

苔草接觸到肥料就會枯死，因此將擺放肥料位置（盆緣）的苔草取出後才施肥。

將肥料擺在取走苔草的位置。若肥料太大塊，請分成小塊後使用。

置場

盆栽大都是擺在室內欣賞，但建議置於室內應以三天為限。盆栽通常應擺在陽光與通風皆良好的室外妥善照料。

規劃盆栽專用置場

盆栽置場以陽光直射半天以上最理想。盆栽一天至少需照射陽光二至三小時，條件是能夠直射到早上的陽光。但炎炎夏日易因直射陽光而出現葉燒的現象，必須特別留意，必須以竹簾或遮光網等遮擋陽光。冬季期間必須將盆栽移往溫暖的屋簷下等處，以避免盆土凍結。

為了避免盆栽因陽光反射、泥土噴濺等因素而生病或遭害蟲入侵，且能促進通風或增進採光，盆栽應避免直接擺在地上，最好擺在板子或檯子上。可利用長形木架或盆架，或堆起磚塊、空心磚等，上架設厚木板，作成擺放盆栽的棚架。規劃一個專門用於擺放盆栽的位置，方便維護管理盆栽。

基本的置場

於陽台一角規劃一個擺放盆栽的區域。在屋簷下設置長形木架等，避免將盆栽直接擺在地上。架子上並排著喜愛的盆栽，每天都會開心地前來欣賞。

過冬

避免盆土凍結，將盆栽搬往可曬到陽光而比較溫暖的屋簷下等處。擺在屋簷下還可能凍結時，則必須搬入室內。

越夏

盆栽直接照射到夏季陽光，易因土壤中溫度上升而傷及根部，或因缺水太乾燥而出現葉燒現象。必須搬到樹蔭下、掛上竹簾或遮光網等以遮擋陽光。

澆水

盆栽界有所謂「澆水三年」的說法，意即進入盆栽界後，至少必須花上三年的時間，才會懂得如何配合樹種、季節與植物的健康狀況適度地澆水的訣竅。

「充分」澆水至盆底孔出水

澆水的訣竅為「澆水時就充分地澆水」。栽培盆栽時，花盆小，易乾燥，樹木因為澆水過度而枯死的情形很少見。

澆水的大致基準為春、秋季節一天一次，天氣晴朗則一天兩次；夏季期間早晚各一次；冬季期間二至三天澆一次水，任何季節都必須充分地澆水至盆底孔出水。澆水除了可幫植物補充水分之外，還可逼出土壤中的多餘養分、老舊廢物或不新鮮的水，將新鮮的空氣送進根部。

花盆裡擠滿樹根，必須移植的盆栽，水就不容澆入土壤中，將花盆放入裝著水的水桶裡，或以澆水幾分鐘後再澆一次水的「返水」澆水方式等，即可充分澆水，連花盆底部的土壤都確實地吸收到水分。

澆水時應避免沖掉用土或苔草，請使用安裝蓮蓬頭，出水不會太強勁的澆水壺。

確認盆栽的顏色，一邊確認土壤乾燥狀況，一邊澆水。就像在照顧寵物。

根水

基本的澆水方式確認盆土乾燥狀況後，以裝上蓮蓬頭狀噴頭的澆水壺，充分澆水至盆底排水口出水為止，除了可為植物補充水分之外，還可將空氣送進花盆裡。

葉水

拿著蓮蓬頭似地，由上往下充分地澆水。栽種雜木類植物時，夏季期間於傍晚時分澆葉水，以降低葉子的溫度，確保濕度，到了秋天就能欣賞到漂亮的紅葉，還具備預防葉蟎的效果。

根部腐爛的植株澆水技巧

太潮濕而導致根部腐爛的植株，根部受損而降低吸水能力，因此傾斜擺放盆栽，以提高盆底的透氣性，促使盆土中的水分排出而變乾燥。

使用事先儲存的水

以水桶等接下雨水，或前一天就將自來水注入澆水壺裡，事先儲水備用，澆水時，使用事先儲存的水吧！以容器接水後擺放，即可消除自來水中的氯氣，水溫也會調節到接近外界空氣，盆栽澆水時使用，就能減輕對根部的負擔。

前一晚就以容器接水備用的另一個優點是，若早晨很忙碌，可以縮短澆水的時間。以陶製水盆等裝水，設置在擺放盆栽的區域，還可增添濃厚的和風意趣。

使用雙層花盆以防止缺水

盆身較淺的花盆鋪上富士沙等，再擺放盆栽。澆水時富士砂也澆到水，既可提昇保濕效果，又能預防植物缺水。

外出時的澆水訣竅

濕潤的毛巾微微地擰乾水分，連同花盆包覆盆土即可避免盆栽太乾燥。

將盆栽放進塑膠袋裡，綁緊袋口，擺在陰涼處即可避免水分蒸發。不澆水也能維持2至3天。

移植

栽培盆栽時，植物若一直在空間狹小的花盆裡生長，很容易因花盆裡充滿樹根而導致根部腐爛。因此建議二至三年移植一次，讓盆栽煥然一新。

維護樹木健康&幫花盆換新裝

移植樹木有二，一是「維護樹木健康」，此目的如同一般園藝工作中的換盆移植，必須修剪掉充滿花盆裡的老根，以促使植物長出新芽，就是所謂的「延緩老化」健康法。

移植時，必須修剪掉由高處長出的樹根，好讓根部從相同的高度往四面八方生長，或修剪掉可能長出徒長枝的粗根，適度地調整根部的強弱平衡狀態。枝條成長狀況良好的樹木，通常根部成長狀況也絕佳，因此，栽培盆栽時，必須透過看不到的根部維護整理，奠定地上部分的基礎。

其二是「換盆」。樹木既然有生命，那麼，就會長出枝葉，各部分平衡狀況都會改變，正面朝向改變的情形也很常見。移植時，必須仔細觀察栽種角度，幫盆栽搭配一個盆形與顏色更能襯托樹木的花盆。盆栽界把這項工作稱之為「盆樹輝映」，就像幫自己選搭服裝一樣，換盆是非常愉快的事情。關於移植的花盆尺寸，選用尺寸大於原來的花盆，易因根部有更大空間可生長而出現徒長的現象，建議挑選相同尺寸或小一點的花盆。

需要移植的警訊

盆底孔長出樹根（上）、根部露出盆土表面（右），即表示花盆裡擠滿樹根。

中品盆栽的移植作業

必備物品

中品盆栽(圖中為掃帚型欅木)・用土(極小粒赤玉土)・盆底石(小粒赤玉土)・鋁線(直徑1.2mm・1.5mm・2.0mm)・盆底網・鉗子・竹筷・鑷子・鐵線剪・新鮮苔草。其他用品：土鏟・澆水壺等。

●整理根部的工具

挖根器

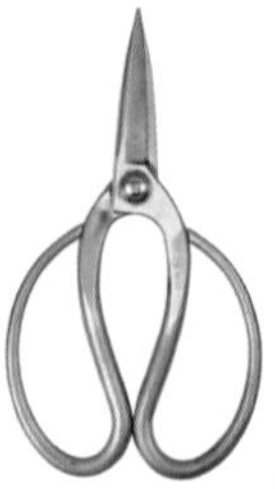

修根剪

1 取出苔草

以鑷子尾端的抹刀狀部位取出苔草。狀態良好的苔草可再使用。

2 檢查根部狀態

用土的顆粒碎掉而呈現黏土狀，部分根部因空氣不足而腐爛掉（變黑部分）。

3 修剪受損的根部

以修根剪將受損的根部修剪掉，根盆保留⅔左右。

4 挖鬆根盆

（上）根部糾結在一起時，以挖根器挖鬆根盆底部。
（下）底部挖鬆後，像梳頭髮似地，以挖根器由上往下梳理側面的根部。

5 以修根剪大幅度修剪根部

根部挖鬆後修剪細根，以修根剪大幅度地修剪根部。

6 整理不必要的樹根

參考以下示範圖，整理太長的根（走根）、露出盆土表面的根（上根）。

7 加入用土

準備花盆（參閱 P.43），薄薄地鋪上一層盆底土後，加入用土。攏高栽種位置（掃帚型盆栽為中央）的用土，有助於穩定植株。

8 擺好植株

根部的正下方就是攏高的用土，確認正面後，將植株擺在花盆的正中央。訣竅是樹根分布高於盆緣。

9 栽種

少量多次加入用土，以竹筷戳動用土，促使根部之間的空隙都填滿用土。

Point

整理不必要的樹根

修剪根部時，總是擔心會不會因為剪錯位置而導致植株枯死，修剪時期適當，份量保留一半左右，就不會有問題。確實地整理過根部後，整個植株顯得更俐落，即可栽培出更理想的樹形。

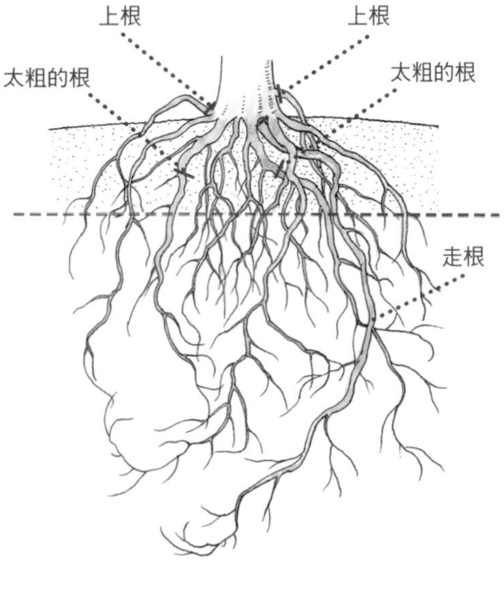

由樹根基部修剪掉太長的根（走根），或露出盆土表面的根（上根）。粗壯到連花盆都無法容納的粗根，修剪得比細根還短。將根部的份量整理得很平均，有助於地上部分的枝葉均衡生長。

10 以鋁線固定住

確實加入用土後，確認根盤高度與植株的正面、水平，以固定根部用鋁線固定住根部，再以鉗子確實地扭擰鋁線後，以鐵線剪剪掉多餘的鋁線。

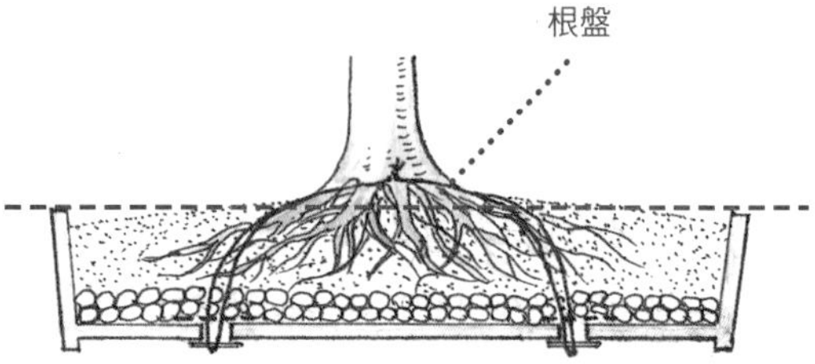

根盤也是盆栽上很值得欣賞的部分，根盤需高於盆緣。

11 抹平用土表面

以鑷子尾端的抹刀狀部位，一邊輕壓用土，一邊抹平盆土表面。

12 修剪露出用土表面的根

以修根剪剪掉露出用土表面的樹根後整理。

13 完成移植作業

充分澆水後，於根部四周鋪貼苔草即完成移植作業。移植後避免全面鋪貼苔草，以確保透氣性。

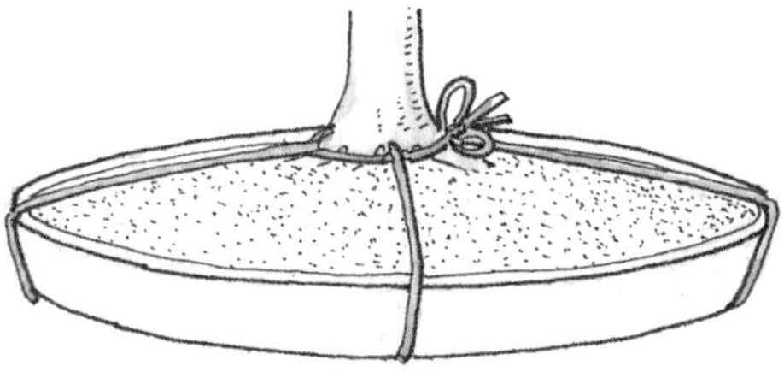

植株晃動會影響樹木扎根，因此連同花盆一起以細繩綑綁固定。

大型盆栽的移植作業

樹齡好幾百歲的老樹能夠在小花盆裡繼續生存的理由

「這棵老樹種在這麼小的花盆裡為什麼還能生存呢？」，我經常被外國人問到這個問題。我的回答是，完全拜移植技術所賜。

現存古老盆栽中，最有名的是江戶幕府第三代將軍家光的五葉松盆栽。推定樹齡據說高達４５０歲的盆栽，直至現在都還生氣蓬勃地生長著，但無論多麼古老的大型盆栽，兩至四年就必須移植一次，以促進根部的新陳代謝。盆栽移植的適當時機視樹種而定，通常於初春的二月下旬至四月上旬期間進行，而我住的埼玉縣，一到了春天，也就是這個時期，就會刮起暴風或強風，從小的印象就是，移植盆栽的時候，一定是風大又到處都是灰塵。

由花盆取出 200 年的模樣木型五葉松。移植大型盆栽作業需要兩個男人合力完成。

取出後的盆栽根盆。顧名思義，樹木根部已經結合成花盆的形狀。

以挖根器，耐心地挖鬆根盆。

修剪根部、更換新土，以促進樹木的新陳代謝

提到移植盆栽作業，移植大型盆栽不是一個人能夠勝任的工作。先前都是由我父親與弟弟及職人們一起完成移植作業。

他們處理的都是大型花盆裡布滿樹根，根部緊緊地抓住土壤的盆栽。必須費盡千辛萬苦才能夠從花盆裡取出樹木。必須以大型挖根器，沿著花盆邊緣挖出空隙，才能取出樹木。由花盆取出樹木後，根部還緊緊地抓著土壤，維持著花盆的形狀，恰如「根盆」一詞，真的可以看到根部維持著花盆形狀，緊緊地抓住土壤的現象。再以挖根器和粗大竹筷，設法挖鬆根盆，撥鬆根部。

這麼狹小的空間，竟然能長出這麼長的樹根，令人由衷地佩服，根部總是往四面八方生長。挖鬆根部後，必須大膽地修剪根部，去除根部之間的瘤狀部分，再以乾淨又堅硬的顆粒狀用土重新栽種。

移植盆栽時，不會選擇更大尺寸新花盆，幾乎都是移植到差不多大小的花盆裡。使用更大尺寸的花盆時，可能加速地上部分之生長，栽培出枝葉徒長的盆栽。因此，大幅度地修剪老根是一項非常大膽的作業，根部不耐乾燥，所以說也是一場和時間賽跑的工作。避免根部因為太乾燥而受損，應以短時間內完成作業為最理想，因此，工作人員的技巧越熟練，越能減輕樹木的負擔。

即使是看起來已確立樹形的大型古老盆栽，畢竟植株還是活的，很可能因為枝葉的生長而出現樹木正面移位的情形。因此，移植時必須重新檢視「哪個位置應位於正面？」、「該以哪個角度栽種樹木？等問題。」

栽培盆栽過程中，必須定期地移植以促進根部的新陳代謝，確保植株長出新芽的活力，就美學觀點而論，移植盆栽作業就是調和植株與花盆的重要工作。

身為女性，我認為移植就像是女性進入美容沙龍。修剪掉出現老化現象的老根，打造能夠長出新芽的基礎，以全新的土壤與花盆，透過造型與化妝，使盆栽煥然一新。移植後，除了盆栽之外，連工作人員的心情都格外舒暢，這就是移植作業最有趣之處。

挖鬆根盆，以竹筷撥鬆根部之間的土壤。需避免根部太乾燥，這是一場和時間賽跑的工作。

確定正面與角度，將植株種入已經加入新土的花盆裡。

完成移植作業後情形。盆栽看起來也格外清新舒爽。

修剪

一提到栽培盆栽，最先浮現在腦海中的應該是手上拿著剪刀修剪枝條的畫面吧！修剪目的可大致分為塑形樹形、維護植株健康、栽培小枝三大項。

先修剪忌枝

修剪作業通常於5月（雜木類6月至7月亦可）的成長期、發芽前的2月下旬至3月中旬進行。但梅雨季節期間形成隔年花芽的花卉類與果實類植物，必須於5月中完成修剪作業。

修剪訣竅為先以消去法修剪掉俗稱「忌枝」的枝條。其次為減少（疏剪）朝著枝葉密集部位內側生長的枝條與不定芽等，以及將太長的枝條剪短（截剪）以調整樹形。希望栽培出小巧可愛的盆栽時，可義無反顧地透過強剪，將植株修剪得小上一輪。

如前所述，需根據樹木的狀態與栽培目的，微微地改變修剪想法與作法。重點在於想完成什麼樣的樹形，必須具備確切的概念。到底想創作重視穩定感的模樣木型與直幹型，或輕盈曼妙的

忌枝的種類

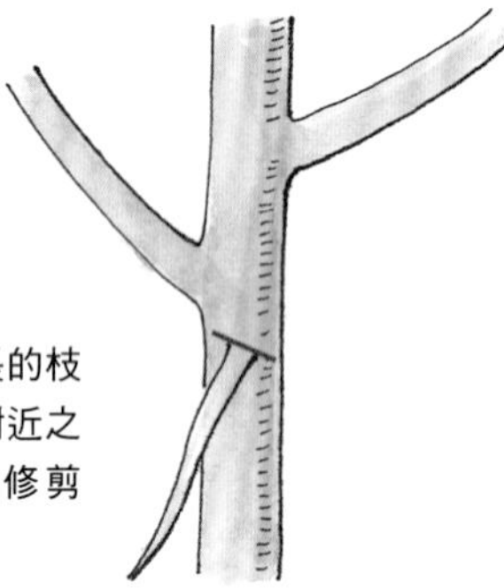

幹前枝

由樹木正面往前生長的枝條，除了長在樹冠附近之外，皆由枝條基部修剪掉。

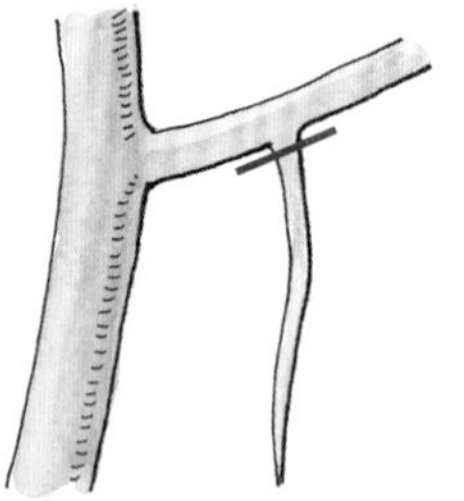

下垂枝

由橫生枝條向下垂長的枝條，又稱向下枝。不需要下垂枝時，由枝條基部修剪掉：需保留下垂枝時，可透過纏線塑形調整向上。

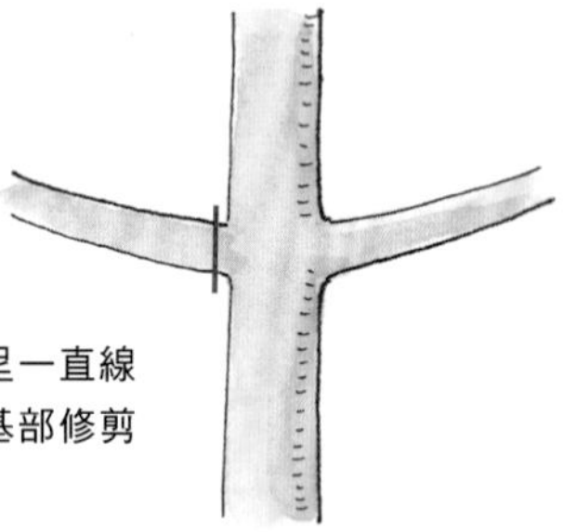

閂枝

往左右或往前後呈一直線生長的枝條，由基部修剪掉其中一根枝條。

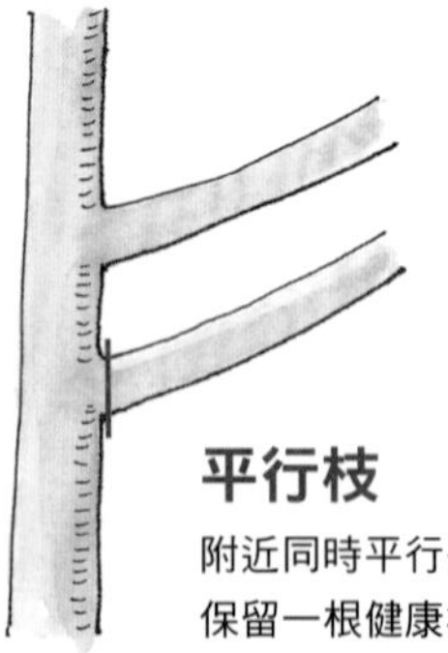

平行枝

附近同時平行長出多根枝條，保留一根健康枝條，其餘枝條由基部修剪掉。

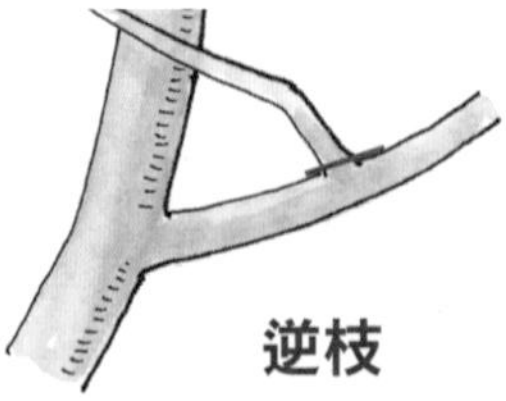

逆枝

朝著盆栽傾向的相反方向生長的枝條，由基部修剪掉或透過纏線塑形修正傾向。

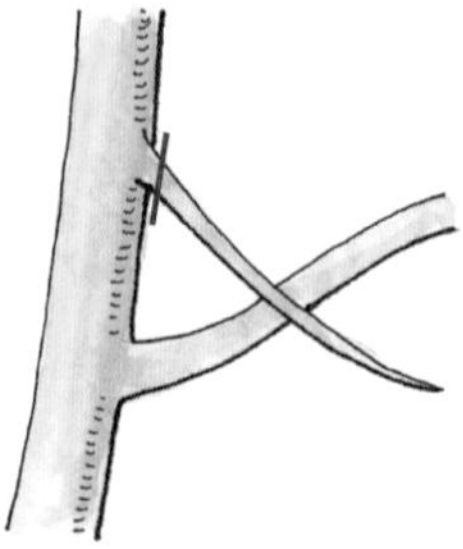

交叉枝

呈交叉生長狀態的枝條，透過纏線塑形修正傾向，或從基部修剪掉其中一根枝條。剪短後改變傾向亦可。

文人型，抑或是纖細的組合植栽型，枝條的塑形方法也會因為樹形創作構想而不同。樹形相關修剪訣竅請參閱各樹形介紹。

修剪後就顯得更清爽。高溫時期來臨前，促進日照與通風以維護樹木的健康。

修剪日本櫸木組合盆栽的情形。將太長的枝條剪短，調整整體樹形，疏剪混雜在一起的枝葉。

主要的修剪項目＆目的

①形成樹形

→截剪・強剪

形成樹形的修剪，就像是美髮師的工作。像剪掉頭髮，換一個新髮型似地，將太長的枝葉剪短以調整樹形。

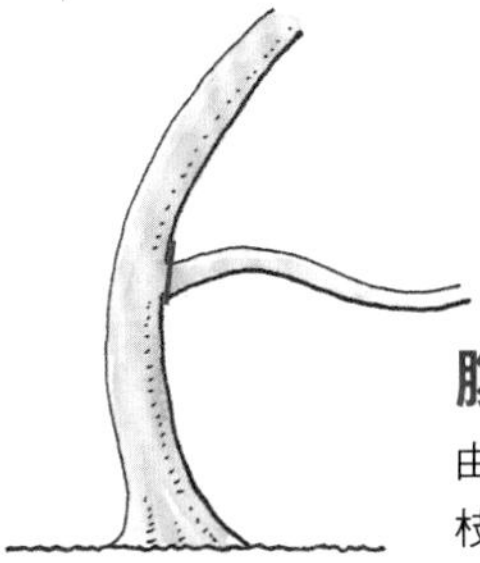

腹枝

由主幹的曲線內側長出的枝條，由基部修剪掉。

②維護植株健康

→疏剪

樹木為尋求陽光而長出枝條，長出茂密的葉子。若葉子長得太雜亂，易引發病蟲害，日照與通風效果也變差，導致內側的小枝都枯死掉，甚至連樹形都變了樣，因此必須減少枝葉以確保樹木都能有充足的日照與通風。

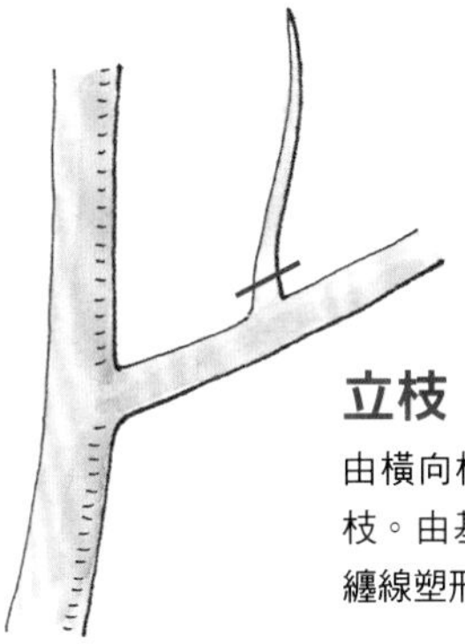

立枝

由橫向枝條往上生長的小枝。由基部修剪掉或透過纏線塑形修正生長傾向。

③形成小枝

→截剪

植株上可能出現健康與不健康生長的枝條。健康枝條具備優先往上生長的特性，倘若置之不理，樹木就毫無顧忌地長高，無法形成創作盆栽需要的小枝。修剪枝條尾端以抑制生長，即可促使枝條內側小枝分枝長出更小的枝條。雜木類的摘芽與剪葉也是為了促使樹木長出小枝。

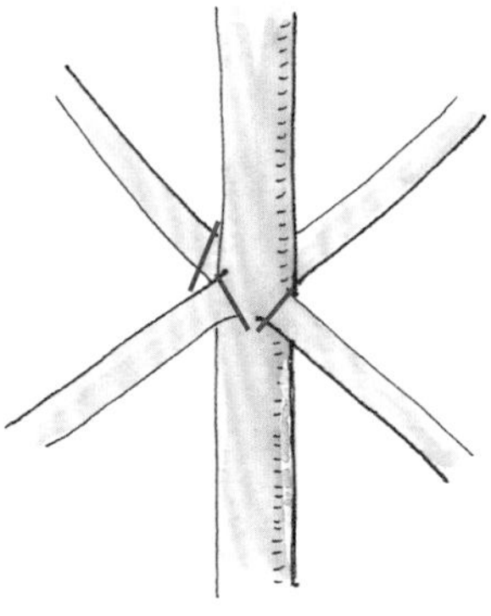

車枝

相同位置長出好幾根枝條後呈現車輪狀。保留一根健康枝條，其餘枝條由基部修剪掉。

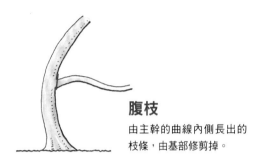

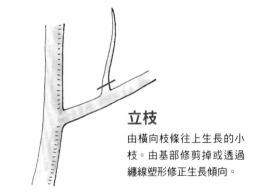

盆栽家的工作

一邊栽培盆栽，一邊從事盆栽販售、管理、普及工作的專家

盆栽家是什麼樣的職業？從事什麼樣的工作？有這種疑問的人想必不少。盆栽家的主要工作是栽培盆栽，提昇盆栽的商品價值後販售，就像是餐廳廚師採購食材，進行加工，提昇附加價值後，提供顧客享用。

盆栽家是以生物為對象，以大自然為對象，必須配合氣候與季節，改變作業內容，所以也很像生產農作物的農民。因此，盆栽家的工作亦可說是一邊經營著以盆栽園名義銷售盆栽的店鋪，一邊栽培盆栽以提供店鋪販售的商品。

盆栽家每天都不可或缺的業務是幫盆栽澆水、打掃盆栽園、待客銷售。季節性工作則是由初春開始，趁工作空檔，依序進行移植、摘芽、修剪、越夏、過冬、纏線塑形等作業。期間還會參加展覽會等，心中隨時想著盆栽維護管理工作，擬定著工作計畫。

盆栽園的另一個特徵是代客照顧盆栽，提供盆栽的維護管理與照顧等服務。盆栽園必須針對顧客送來的盆栽，進行修剪與纏線塑形，又必須照顧失去活力的盆栽，從事的工作既像美容師，又必須具備醫院般救護功能。

盆栽家就是如前所述般，從事盆栽這種特殊行業的專家，經營的店就是盆栽園。順便一提，江戶時代的盆栽家亦具備庭園設計師的身分，從事的是有時候必須在攤子上賣盆栽，相當深入庶民生活的職業。我們的盆栽園也是以「盆栽窗口的盆栽園」為重點目標，希望為盆栽初學者建立一個最親切服務管道，為了讓更多人了解其中樂趣，還開了盆栽教室。最近，盆栽園開設盆栽教室的情形越來越常見，有機會請一定要撥空造訪喔！

盆栽教室的上課情形。除了男性愛好者之外，近年來，年輕人與女性學員越來越多，是相當可喜的現象。

將作品送往展覽會場後，正專心地維護整理盆栽作品的筆者。

栽培盆栽的花盆&工具

盆栽是融合著花盆與植物，趣味性十足的遊戲。以下將教您如何挑選到適合搭配樹形的花盆，及栽培盆栽前必需準備齊全的工具。

栽培盆栽的花盆

觀賞盆可大致分：然保留著燒製用土風情的泥盆，與表面經過釉藥處理後，燒製完成的有色花盆兩大類。配合樹種與樹形，盡情享受挑選花盆的樂趣吧！

欣賞樹木與花盆的巧妙融合通常，創作感覺厚重或恬淡優雅的松柏類盆栽時，宜選用泥盆，栽培花卉類、果實類或紅葉樹種，追求華麗感的盆栽時，最好選用有色花盆。

形狀方面，創作著重安定穩重感的直幹型與模樣木型的樹形時，以長方形或橢圓形的橫長形花盆為佳，栽培懸崖型等主幹與枝條向下生長的樹形時，最好挑選具深度的縱長形花盆，創作文人型與組合植栽型等，需強調枝條纖細感的樹形時，應盡量降低花盆的存在感，宜選用盆身較淺的花盆。

誠如盆栽術語「盆樹輝映」一詞，創作盆栽搭配花盆時，必須特別著重於花盆與樹木的融合。哪種樹形必須搭配哪種花盆，並無硬性規定。就像在為自己挑選適合穿著的衣服吧！

泥盆（左）&有色花盆（右）

略帶紅色的朱泥色泥盆（左）。泥盆也會因為燒製用土不同而顏色不一樣。經過釉藥處理後燒製的有色花盆（右），挑選花盆時，必須考量開花、結果、新綠、紅葉等觀賞期季節。

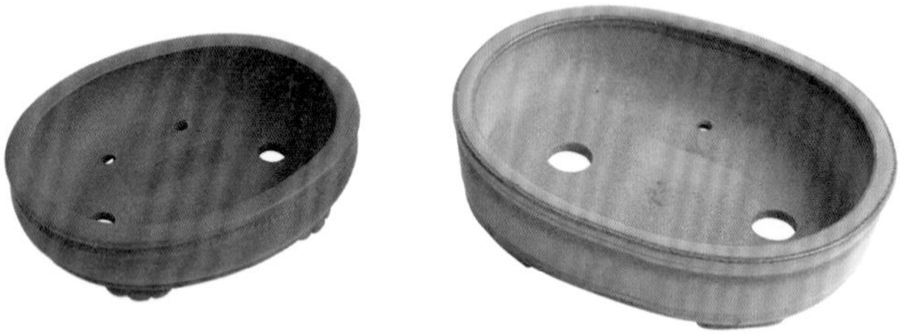

中淺盆

穩定感十足的中淺花盆，適合搭配直幹型、模樣木型、雙幹型、叢生型等樹形。

長方形為最常見的花盆形狀。希望營造柔美氛圍時，可選用圓形或橢圓形花盆。

淺盆

不會喧賓奪主的橢圓形淺盆與盤狀花盆，適合搭配組合植栽型、文人型、風飄型等輕盈曼妙的樹形。

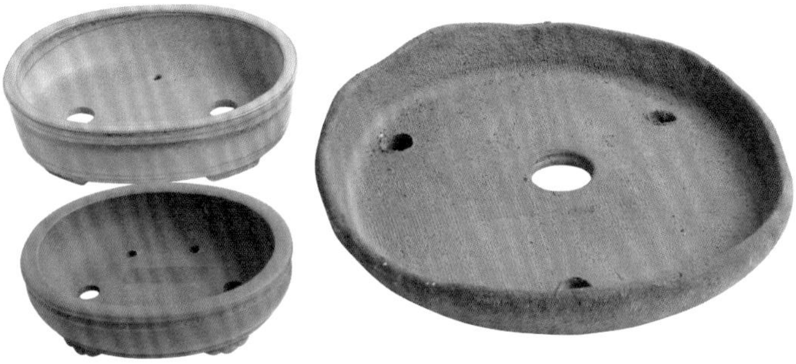

像右圖般，盆身極淺的淺盆又稱盤狀花盆。盤狀花盆適合搭配輕盈曼妙的文人型樹形。

圓盆

近似正圓的圓形花盆，適合搭配斜幹型樹形。但花盆太小時，感覺容易傾倒，必須考慮平衡。

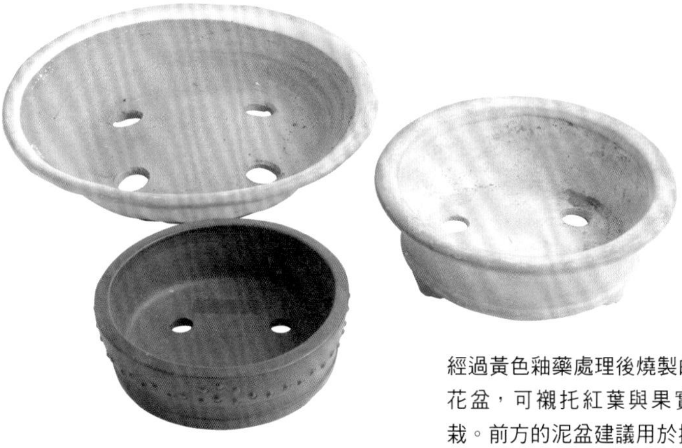

經過黃色釉藥處理後燒製的有色花盆，可襯托紅葉與果實類盆栽。前方的泥盆建議用於搭配斜幹型松柏類盆栽。

深盆

有高度的深盆，適合搭配半懸崖型與懸崖型。創作花卉類、果實類懸崖型盆栽時使用有色花盆，可欣賞到花盆與花卉類、果實類的色彩對比之美。

前方的中深盆適合搭配半懸崖型，較高的深盆則適合搭配大膽的懸崖型。

工具&材料

以下將介紹開始享受樹形創作樂趣前，最好準備齊全的工具與材料，亦可使用園藝用品或陸續添購。

修根剪&修枝剪的區分使用

栽種、移植、修剪、纏線塑形等，可享受樹形盆栽創作樂趣的必要工具與材料其實並不多，除了盆栽專門店販售之外，前往販賣盆栽用品的園藝店、賣場或透過網路等都能買到。園藝用品、假日木工的工具、生活用品的回收利用，大部分工具都可應用，感覺必要時，慢慢地添購吧！

重點在於修根剪與修枝剪的區分使用。只以一把剪刀完成所有的修剪任務，易因刀口不夠銳利而傷及根部或枝條切口。使用後請立即維護保養（參閱P.126），使剪刀永遠銳利好用。

必要工具

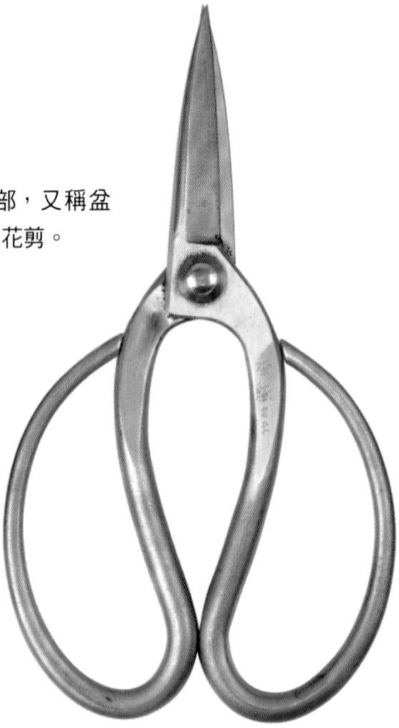

修根剪

栽種素材時用於修剪根部，又稱盆栽剪，亦可使用切花專用花剪。

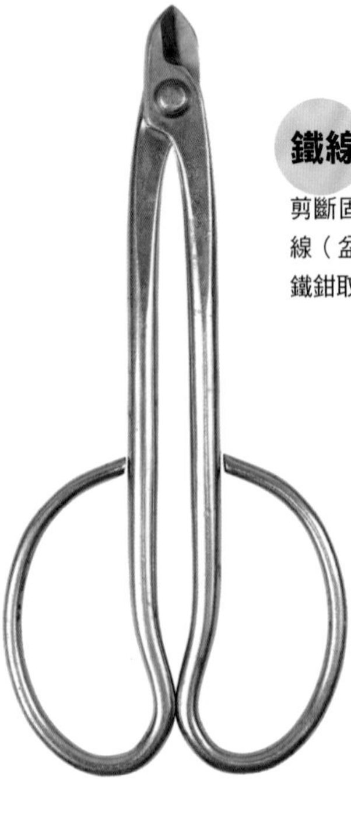

鐵線剪

剪斷固定根部或纏線塑形的鋁線（盆栽專用鋁線）。亦可以鐵鉗取代。

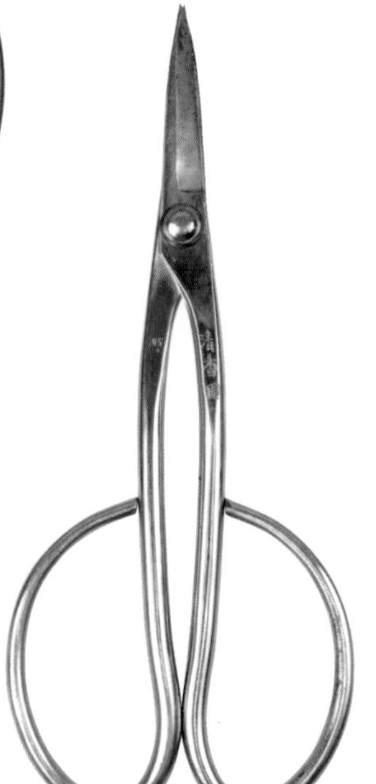

修枝剪

修剪枝條專用剪。刀尖越細，越方便伸入雜亂枝葉中修剪，或更方便修剪細小枝條。

竹筷

栽種、移植時的必需品，亦可使用竹製餐筷等。

鑷子

鋪貼或取出苔草時使用。準備尾端為抹刀狀的鑷子，更方便用於按壓用土或苔草。

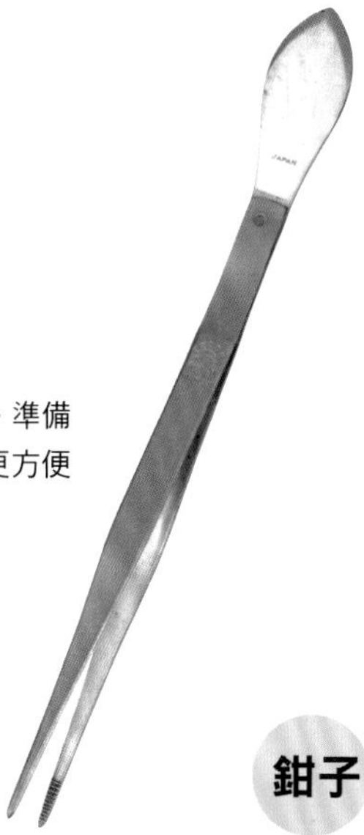

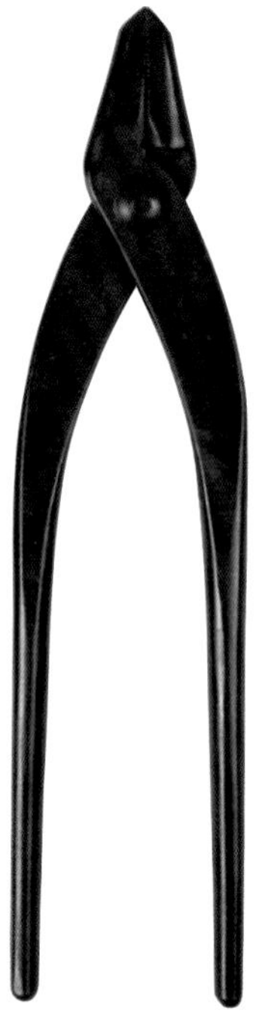

鉗子

扭緊固定根部的鋁線或拆除塑形用鋁線時使用，亦可以鐵鉗取代。

澆水壺

蓮蓬狀噴頭的孔洞越細，越能噴出輕柔的水花。

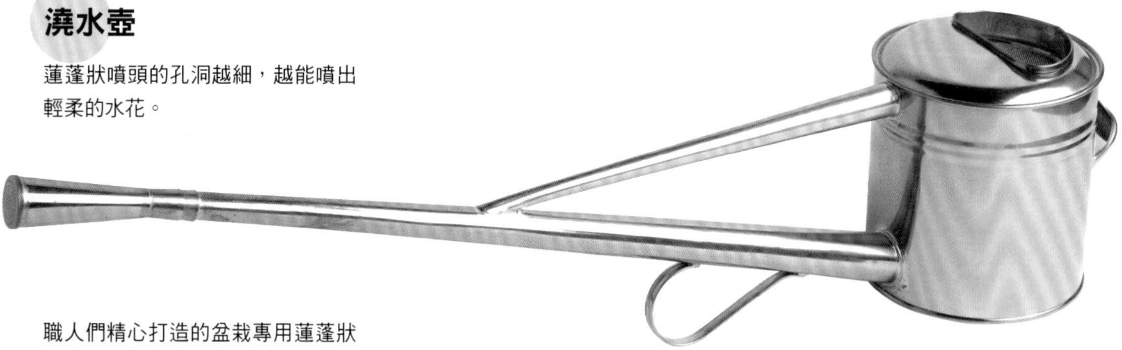

職人們精心打造的盆栽專用蓮蓬狀銅質噴頭。孔洞細小，噴頭也必須清理，以免垃圾阻塞。

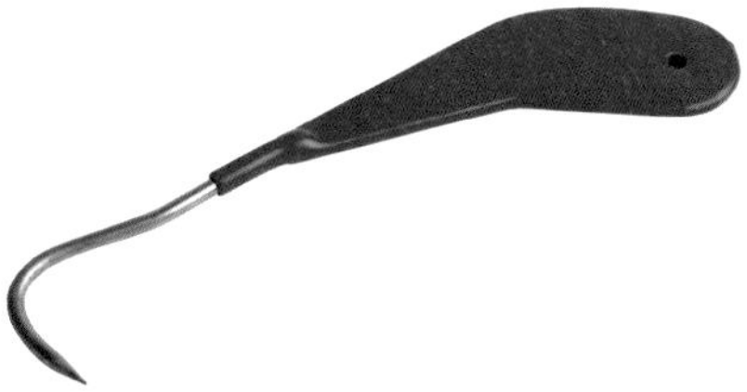

挖根器

移植時用於挖鬆堅硬的根盆或鬆開糾纏的樹根。處理中品或大型盆栽時，備有挖根器較為方便。

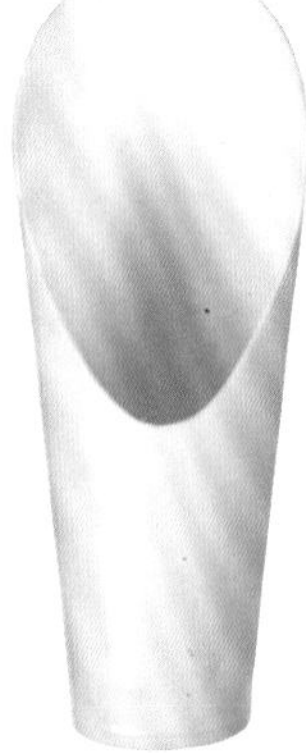

土鏟

栽種時用於加入用土。有各種尺寸可供選購，建議挑選方便作業的尺寸。

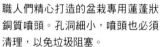

常用材料

鋁線

將盆底網固定在盆底孔、固定根部、纏線塑形時使用的盆栽專用鋁線。質地柔軟，女性以手就能輕易地彎曲。銅色又不會太醒目。建議準備 2 至 3 種直徑介於 1.2mm 至 3mm 之間，粗細各不相同的鋁線。

盆底網

使用園藝用盆底網即可。以剪刀剪下大於盆底孔的盆底網後使用。

肥料容器

將固肥放入圓球部位，插入盆土，施用置肥的便利工具。

維護保養用品

刀具清潔用品

去除樹液等污垢或鐵銹的小型磨刀石。

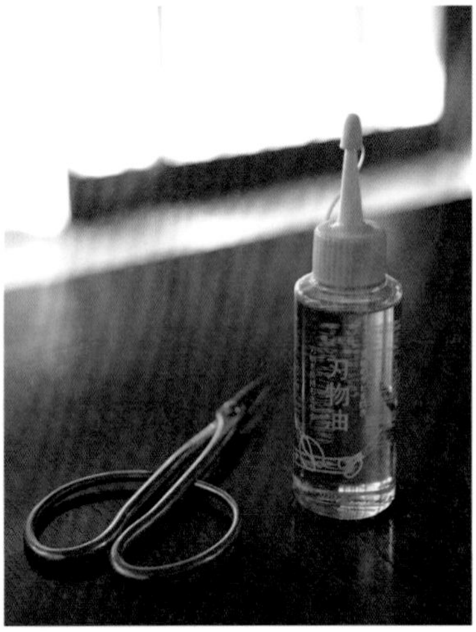

刀具潤滑油

潤滑剪刀交叉部位的潤滑油。

剪刀的維護&保養

修剪枝條時，剪刀的刀刃上就會沾染樹液。修剪松樹類的枝條時，刀刃上最容易附著黏膩的松脂，若置之不理，刀口就很容易鈍掉。建議養成用過剪刀就立即維護保養的好習慣。

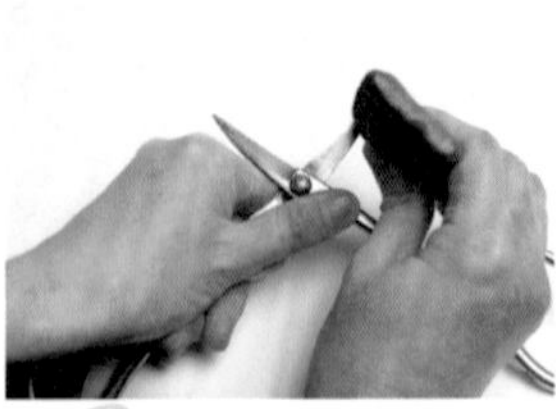

1 以刀具清潔用品清除附著在刀刃上的樹液與鐵銹。

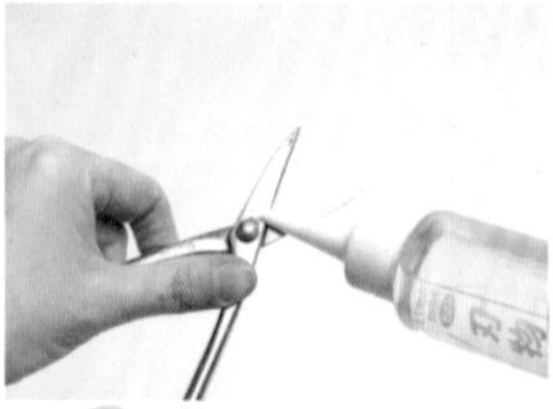

2 將刀具潤滑油或茶花油點在剪刀的交叉部位。

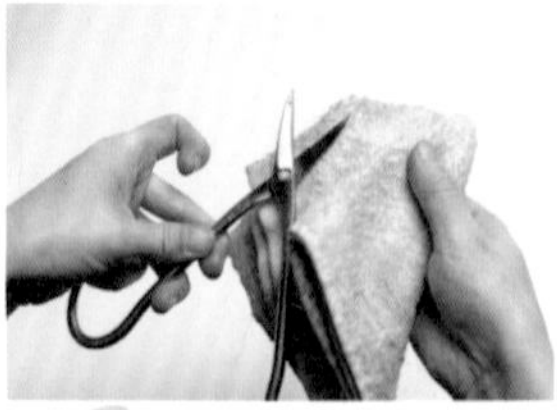

3 以毛巾等一邊暈開油脂，一邊將刀刃擦拭乾淨。事先準備好油用毛巾較為方便。

盆栽的裝飾方法&欣賞

以下將介紹壁龕裝飾、現代風變化作法、觀賞訣竅。請將精心栽培的盆栽擺放到屋裡，在日常生活中盡情地享受欣賞盆栽樂趣。

壁龕裝飾

盆栽的華麗舞台原本是壁龕，現代化建築中設置壁龕的情形越來越少見，但懂得傳統的裝飾方法後，就能更加深入地了解盆栽的精髓與欣賞盆栽的方法。

值得紀念的日子
以精心栽培的盆栽為裝飾

非常用心地栽培盆栽，澆水、各季節的維護整理工作，可說完全是為了值得紀念日慎重之作。盆栽的華麗舞台是栽培盆栽的人精心布置的裝飾場所。傳統的盆栽裝飾方法，較著重於形式，可大致分成用於裝飾壁龕的「壁龕裝飾」與用於裝飾座席的「座席裝飾」。

壁龕裝飾可大致分成真（楷書）、行（行書）、草（草書）三種形式，每種形式都是於壁龕中心配置掛軸，掛軸左右的任一側以盆栽為裝飾。布置時，植株若傾向右側，那麼，盆栽就必須擺在面相掛軸的左側，植株若傾向左側，則必須擺在面向掛軸的右側。如此一來，掛軸的另一側就會形成大空間，就能用於擺放季節性草類盆栽（下草類。參閱P.104），或擺放統稱為「擺件」的擺件類裝飾。重點是必須表現出融合著盆栽、掛軸、下草類盆栽等三要素的「景色、季節感」。壁龕是表現屋主嗜好的綜合藝術場，是深奧無比、值得探究，且能展現素養的世界。

後者的座席裝飾係於舖設榻榻米的寬敞廳室等，未設置壁龕的座敷（日式廳堂）設施內設置裝飾場所。布置時，背後通常矗立著素面屏風，鋪上俗稱毛織的不織布狀布料，再擺放盆栽作為裝飾。從壁龕裝飾到掛軸，通常都不再作這方面的裝飾，而是布置成盆栽展示會等狀態。

無論哪一種裝飾方式，都必須有足夠的空間（空白），讓人能夠盡情地、慢慢地欣賞盆栽營造出來的景致與季節等世界觀，這樣的布景才是盆栽的華麗舞台。

草書的壁龕裝飾

茶席的壁龕裡，以描寫大海的水石（瀑布石。參閱P.130）與翠鳥圖畫為裝飾的夏季擺設。充滿清涼感的水邊景色。充滿書法草書意境的裝飾方式。

楷書的壁龕裝飾

最符合形式的裝飾。充滿書法真書（楷書）意境的裝飾。以主幹粗壯，根盤強而有力的岩四手盆栽為裝飾，在充滿穩定感的寬敞空間裡招待賓客。

行書的壁龕裝飾

現代化的和室原型，充滿書法行書意境的裝飾。一般家庭最常見的樣式。擺放樹形宛如雙鶴的雙幹型五葉松盆栽，布置得非常生動活潑的空間。

水石意趣

用於搭配盆栽，裝飾壁龕的天然石就叫作「水石」。水石與盆栽都是充滿景物擬態之美的遊戲。

形狀神似風景・動物・房屋的觀賞用天然石

東南亞地區自古以來就有從天然石或枯木上找出造型之美後用於欣賞的文化。日本也不遑多讓，平安時期的風俗圖畫繪卷中就已出現這類天然石的身影。這種文化一直傳承到現在，被稱之為盆石或水石，盆栽界直至現在都還稱之為水石，是相當廣泛採用的裝飾工具之一。

水石是天然石上有神似自然風景、動植物姿態，具觀賞價值的石頭，與人工雕刻絕對不一樣。因此，完全不藉由人工處理，越具備自然景色感的天然石，觀賞價值越高。

用於搭配裝飾壁龕的盆栽，形狀神似遠山的「遠山石」，出現在石頭上的一道石灰質部分，狀似瀑布由高處傾瀉而下的「瀑布石」，石頭凹處積水的「水塘石」，形狀酷似鋪著茅草屋頂民宅的「茅舍石」等，以充滿季節感的石頭搭配盆栽吧！

右上的兩塊奇石是形狀酷似鋪著茅草屋頂民宅的茅舍石。左上是白色部分神似瀑布的瀑布石。下中是形狀像山峰的山形石。

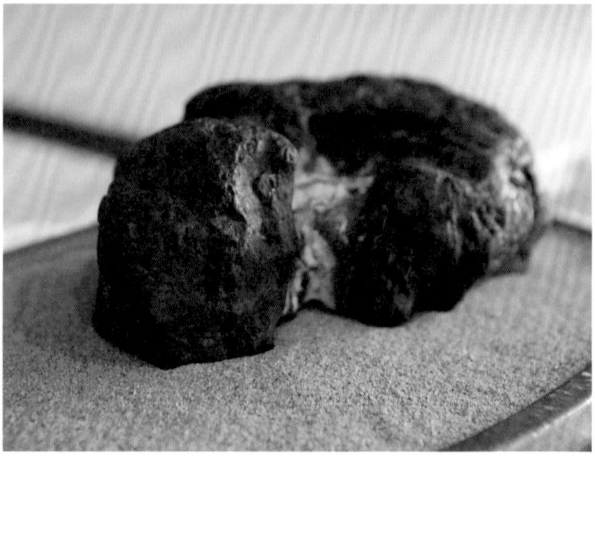

P.128 草書壁龕裝飾使用的水石。藍色水盤裝入細沙，中間擺放瀑布石，表現夏天的水邊景色（大宮盆栽美術館典藏）。

生活中的裝飾

日常生活中也能輕鬆愉快地享受盆栽的裝飾樂趣。招待賓客，當作家人們的話題，盡情地享受有盆栽的生活吧！

重視留白&季節感

以盆栽為室內裝飾時，若屋內未設置壁龕，就以起居室的棚架上或玄關的鞋櫃上等設施，作為展示盆栽作品的舞台吧！

重點是必須納入傳統壁龕裝飾概念的「留白與季節感」。留白係指裝飾盆栽空間的背景與周邊應開空出，盡量避免擺放其他物品。壁龕是非常奢華的運用空間方式，因此，請先整理一下週邊環境，再裝飾盆栽，襯托盆栽吧！

以著重於各個季節的節日、色彩、素材的裝飾營造季節感。例如：新年、節分、女兒節、賞櫻、端午節、七夕、菊花節、中秋賞月、賞楓、聖誕節……依季節加上喜愛的小物或擺設，盡情地享受充滿季節感的盆栽裝飾樂趣吧！

將精心栽培的盆栽收集在一起，作為新年裝飾。盆栽裝飾前微微地經過修剪，調整過姿態，苔草枯萎時則重新鋪貼。以紅或金色妝點出新年的氛圍。將高度相同的盆栽擺在檯子等設施上，形成高低差就顯得很有層次感。

模樣木樹形的平枝鋪地蜈蚣盆栽，搭配斑葉虎耳草。盆栽不直接擺在桌子等設施上，擺在墊板、盤子、餐墊或色紙上。

大宮盆栽村&大宮盆栽美術館

盆栽的聖地
國內外盆栽愛好者絡繹造訪的——
大宮盆栽村

日本埼玉縣埼玉市的盆栽村誕生於大正十四（一九二五）年。日本關東大地震發生（大正十二／一九二三年）時，蒙受災害的幾家盆栽業者，由東京的團子坂（現為文京區千駄木）搬遷到當地後開村，打造了目前的盆栽村。位於大宮公園北側，東武野線與JR宇都宮線環繞的地區，占地高達十萬坪的盆栽村，目前有好幾座盆栽園坐落其中。大多為一般觀光客也可入內參觀的盆栽園，每年五月的大型連假期間（五月三日至五日），盆栽村裡就會舉辦「大盆栽祭」，是入園參觀人數將近二十萬人的大型活動。

昭和十五（一九四〇）年，前大宮市（現為埼玉市）編入之際，行政上已將町名變更為「盆栽町」。

大多為向園主打聲招呼，就能輕鬆入園參觀的盆栽園。入園參觀時，必須遵守不拍照、不損傷盆栽、園內不喧嘩、留意大件行李等基本禮儀規範。

栽種楓樹與櫻花樹等，除了欣賞盆栽之外，一年四季都能欣賞到美麗的景色，園內還開設盆栽教室。圖中為我的盆栽園。

公開展示樹齡好幾百歲的銘品&盆栽相關美術品的——大宮盆栽美術館

平成二十二（二〇一〇）年三月，以世界首創公立盆栽美術館名義，於盆栽村附近誕生的設施就是「大宮盆栽美術館」。館內珍藏的盆栽係以前高木盆栽美術館的百餘件收藏為主。固定展出為四十至五十件盆栽、季節的壁龕裝飾、盆器、水石（參閱P.130）、畫面上有盆栽的浮世繪等繪畫作品。

希望提昇盆栽創作技巧的人，必須廣泛地接觸銘品，深入地體會銘品的精髓，將銘品姿態深深地烙印在腦海裡。造訪盆栽之際，建議您一定要順道造訪大宮盆栽美術館，作為日常生活中創造樹形之參考。

據說是美術館中最大棵（高 1.6m、橫寬 1.8m）的五葉松盆栽。標名為「千代之松」。根部緊抓大地，氣勢軒昂的主幹蜿蜒向上，勢力亦往水平線擴張的姿態，磅礴氣勢讓人不由地聯想起炎夏裡的積雨雲。

大宮盆栽美術館庭園。庭園裡展示著由盆栽專家維護管理，樹齡高達數百歲的銘品盆栽。

●大宮盆栽村・大宮盆栽美術館地圖

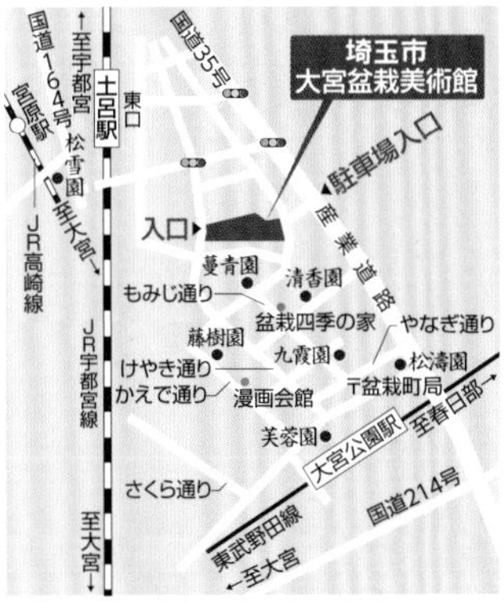

大宮盆栽村

東武野田線「大宮公園站」下車步行1分鐘
JR宇都宮線土呂站下車步行5分鐘

大宮盆栽美術館

埼玉縣埼玉市北區土呂町2-24-3
東武野田線「大宮公園站」下車步行10分鐘
JR宇都宮線土呂站下車步行5分鐘

橫寬超過 1.6m 的五葉松盆栽。標名為「青龍」。巨龍一邊蟠捲著身軀，一邊在水面上馳騁，正要昂起龍首，形成充滿氣勢之美的姿態。以幹基至主幹上的舍利，表現被水潤濕的龍腹，再以表面粗糙黝黑的主幹象徵龍鱗，樹葉令人想起龍頭上的鬃與流動的風。

盆栽的觀賞訣竅

細細地品味在花盆裡展開的雄偉壯觀景色

進入盆栽園或美術館欣賞盆栽時，就像在欣賞名畫，需要一些訣竅。從抽象到寫實，盆栽作品範圍相當廣泛。欣賞每一件盆栽作品都像在欣賞一處不同的風景與世界。首先，建議您先找一件喜歡的盆栽作品，站在作品前靜靜地看著盆栽。若站在盆栽的正面，不妨彎下腰來，就像站在樹下般仰望盆栽，會發現到自己變渺小，融入風景中，好似置身於大樹下。這種「西洋鏡」感就是創作盆栽的醍醐味。

接著談到的是比較專業的話題，這時候還可欣賞到由下往上越來越細的主幹傾向（諧順，參閱P. 155）、穩重挺立的幹基（參閱P. 156）、根盤（參閱P. 156）、不同樹種的幹肌（參閱P. 157）。培養出盆栽的鑑賞能力後，就能創作出充滿自己風格的樹形盆栽。

確認正面，彎著腰仰望盆栽。

仰望模樣木型樹形的黑松盆栽。樹高約 70cm，卻讓人有置身於大樹下的感覺。

適合用於享受樹形創作樂趣的樹種

以下將介紹初學者也能輕易駕馭、體質強韌易栽培的人氣樹種，請對照翻閱樹種相關介紹中推薦的樹形。

松柏類

「松柏類」盆栽係指以松樹為首的常綠針葉樹盆栽。可欣賞漂亮的綠葉與充滿凜然風格的姿態。

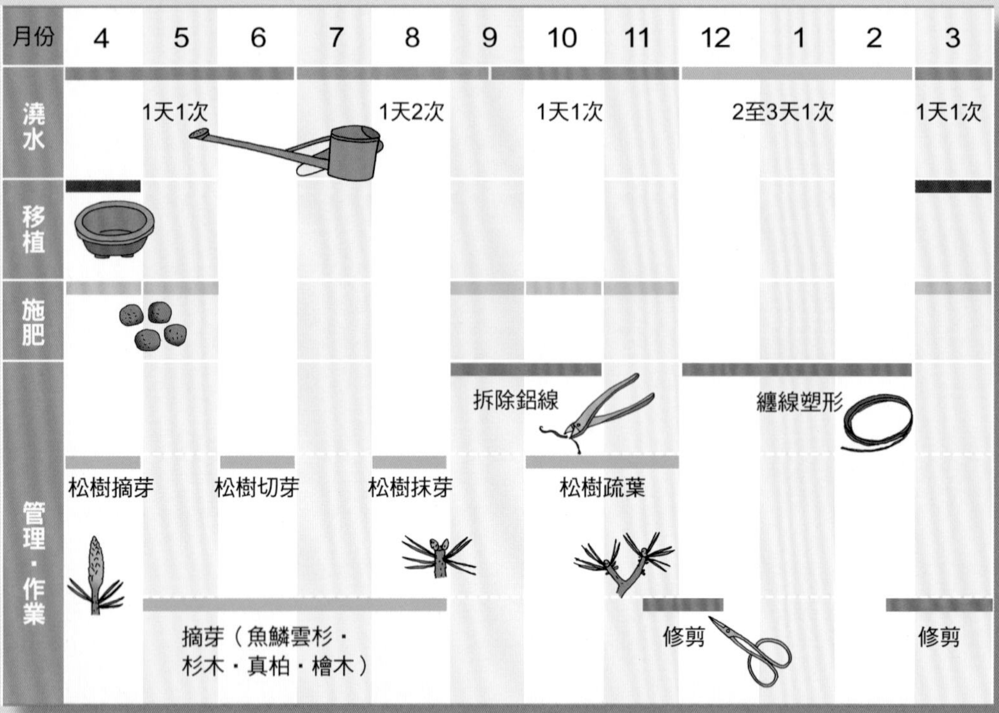

月份
4
5
6
7
8
9
10
11
12
1
2
3
澆水
1天1次
1天2次
1天1次
2至3天1次
1天1次
移植
施肥
管理・作業
拆除鋁線
纏線塑形
松樹摘芽
松樹切芽
松樹抹芽
松樹疏葉
摘芽（魚鱗雲杉・杉木・真柏・檜木）
修剪
修剪

五葉松

①松科松屬
②日本
③常綠針葉喬木
④全年

①科屬名稱
②原產地
③分類
④觀賞期

自生於山林高處，體質強健，耐風雪等嚴寒天氣的樹木。由一個葉腋（樹葉基部）長出五根針葉而得名。枝條柔軟，因此可大膽地挑戰塑形。五葉松通常樹齡較大，不乏樹齡達數百歲，散發悠然風格的盆栽。成長較慢，必須多一花些時間耐心地栽培。

文人型五葉松盆栽。

■**樹形** 直幹型・模樣木型・斜幹型・懸崖型・風飄型・文人型・附石型等。

■**管理訣竅** 置於陽光充足，且通風良好處。秋季移植或纏線塑形後，移到屋簷下休養生息。短葉較受歡迎，減少澆水以避免枝葉徒長。相較於赤松、黑松，葉較短，不需切芽（參閱P.90）。

[五葉松]

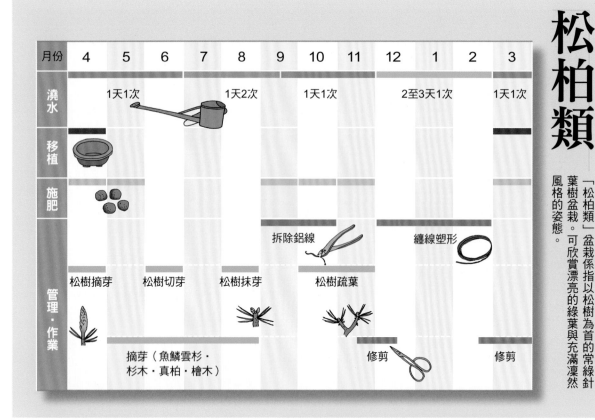

黑松

[黑松]

①松科松屬
②日本
③常綠針葉喬木
④全年

最具代表性的盆栽樹種。自生於日本各地海岸線，枝幹強而有力，不畏海風吹襲。葉子硬挺，幹肌粗糙。體質強健，容易栽培，因此建議初學者栽種。相對於赤松，被稱之為男松（雄松）。易栽培成老樹，易於營造古木感、巨木感。枝條柔軟，可透過纏線塑形大膽地彎曲塑形。

■**樹形** 直幹型・模樣木型・斜幹型・懸崖型・風飄型・文人型・附石型等。

■**管理訣竅** 置於陽光充足，通風良好的處。性喜水分，需留意缺水問題。生長旺盛，長出新芽時若置之不理，易影響樹形，必須一再地透過短葉法（請參閱P.90）進行整姿。

葉子堅硬，感覺剛強健壯的黑松。

赤松

[赤松]

①松科松屬
②日本
③常綠針葉喬木
④全年

自生於平地至山間，日本原野風光不可或缺的樹種。特徵為，相較於黑松、五葉松，葉子較細，線條纖細柔美。被稱為女松（雌松）。樹齡較大時，幹肌略帶紅色。適合栽培成輕盈柔美樹形。

■**樹形** 模樣木型・斜幹型・懸崖型・風飄型・文人型・附石型等。

■**管理訣竅** 置於陽光充足，通風良好處。過度澆水易徒長，必須確認乾燥程度後才澆水。喜歡空氣清新之處，宜經常施以葉水（參閱P.110），或往主幹上澆水以沖洗掉污垢。以素稱短葉法（參閱P.90）的松樹特有維護管理技巧進行整姿，即可栽培出優雅樹形。

主幹表皮略帶紅色的赤松。

真柏 [真柏]

①柏科圓柏屬
②日本・朝鮮半島
台灣
③常綠針葉灌木
④全年

圓柏的變種，日本名深山柏槙。自生於海岸或高山岩地，主幹自然扭曲（捻轉），適合用於表現大自然生存之嚴峻。白骨化的舍利、神枝（參閱P.155）等都具有觀賞價值，很適合創作盆栽的樹種。體質強健，不會輕易地枯萎，市面上常見成長速度快的插枝苗素材，建議用於創作「第一棵」樹木盆栽。枝條柔軟，可大膽地挑戰纏線塑形。

■樹形 直幹型・模樣木型・斜幹型・雙幹型・懸崖型・附石型等。

■管理訣竅 置於陽光充足，通風良好處，需要多費心思澆水。施以葉水可預防葉蟎。易出現根部阻塞現象，1至2年需移植一次。春、秋季節需修剪混雜的枝葉。

主幹自然捻轉。

魚鱗雲杉 [蝦夷松]

①松科雲杉屬
②日本
③常綠針葉喬木
④全年

原產於北海道（蝦夷）的針葉樹。適合盆栽的是俗稱紅蝦夷松的種類，市面上可買到矮化的插枝苗素材。葉短密生，幹肌粗糙，易營造古木感、巨木感。栽培成直幹型與組合植栽型，即可表現出北國針葉樹風光。

■樹形 直幹型・模樣木型・斜幹型・組合植栽型・文人型等。

■管理訣竅 性喜濕潤，需多費心澆水。夏季施以葉水更好。夏季期間需留意缺水問題，可移往明亮的蔭涼處或以寒冷紗等作好防曬。原產於北方，以小花盆栽種時，盆土易凍結，冬季期間需移往溫暖的屋簷下等以避免吹到寒風。枝條易往上翹，休眠期透過纏線塑形，將枝條往下調整即可。

特徵為短葉密集生長。

杜松

【杜松】

①柏科圓柏屬
②日本・朝鮮半島
中國
③常綠針葉灌木
④全年

自生於日本全國各地的山地、丘陵與海岸。特徵為葉子細小又尖銳，曾被擺在老鼠行經路線，以防止老鼠流竄而被稱為鼠刺（ネズ）。盆栽界統稱直立性ネズ與矮性ハイネズ為杜松。適合用於表現不畏風雪的凜然姿態。枝條老化後變堅硬，不易塑形，必須趁嫩枝時纏線塑形。

■樹形 直幹型・模樣木型・斜幹型・組合植栽型・懸崖型・附石型等。

■管理訣竅 置於陽光充足，通風良好的場所。耐熱性強，耐寒性弱，冬季期間需移往溫暖的屋簷下等場所。性喜濕潤，夏季施以葉水效果佳，春、秋施肥，長出新芽後需摘芽。

細小又尖銳的葉子連老鼠都害怕。

杉木

【杉木】

①杉科柳杉屬
②日本
③常綠針葉喬木
④全年

最具日本代表性的針葉樹，盆栽界最具代表性的直幹型樹種。主幹挺立，高聳參天，根部往四面八方生長，適合用於表現氣勢磅礡的杉木林風光。體質強健，容易栽培，成長速度快，初學者也適合栽種。壽命長，幹肌漸漸地呈現古樹色，越來越威風穩重。冬季期間葉色轉為淺茶褐色更耐人尋味。枝條老化後變硬，纏線塑形宜趁嫩枝時進行。

■樹形 直幹型・雙幹型・組合植栽型等。

■管理訣竅 置於陽光充足，通風良好處，夏季期間需移往明亮的蔭涼處，冬季期間則移往溫暖的屋簷下等處。性喜濕潤，施以葉水可預防葉蟎。5月至8月長出新芽後需摘芽。

日本人最熟悉且親近的樹種。

檜木 [檜]

①柏科扁柏屬
②日本
③常綠針葉灌木
④全年

原產於日本，自古以來就與日本人的生活息息相關的樹種。散發獨特香氣，被視為最佳針葉樹材料。葉子小又結實，因此也很適合用於栽培盆栽。充分運用挺立生長的主幹，可栽培成直幹型等樹形的盆栽。無法取得素材時，使用市面上常見的園藝用針葉樹近親品種亦可。

■樹形 直幹型・斜幹型・雙幹型・組合植栽型等。

■管理訣竅 置於陽光充足，通風良好處，冬季期間需移往溫暖的屋簷下。性喜濕潤與肥分。易長出樹芯，修剪掉樹芯即可維持小巧樹形。移植時讓根部往四面八方生長，即可栽培成八方根盤（參閱P.156）樹形的盆栽。

葉呈鱗片狀，散發清新香氣。

紅豆杉 [一位]

①紅豆杉科紅豆杉屬
②日本・朝鮮半島中國
③常綠針葉喬木
④全年

自生於深山裡，因為是「山裡的第一」而得「一位」之名。特徵為葉片厚實，即便在松柏類植物中也相當獨特。雌雄異株，雌株於秋季結紅色果實，彷彿森林中的寧靜果實，感覺穩重大方，恬靜優雅的樹種。長成老樹後，紅褐色主幹出現淺淺的縱向裂痕，還可看到舍利與神枝等枝藝。枝條堅硬，纏線塑形宜趁嫩枝時進行。

■樹形 直幹型・模樣木型・斜幹型・懸崖型等。

■管理訣竅 置於陽光充足，通風良好的場所，夏季需遮光以避免陽光直射。性喜濕潤，炎夏季節需施以葉水。5月至8月摘芽，需經常修剪徒長枝。可以插枝方式自行繁殖素材。

到了秋天還可欣賞果實。

雜木類

「雜木類」盆栽係指楓樹、櫸木、山毛櫸等以落葉樹為主的盆栽。適合用於創作雜木林或森林景色的盆栽。

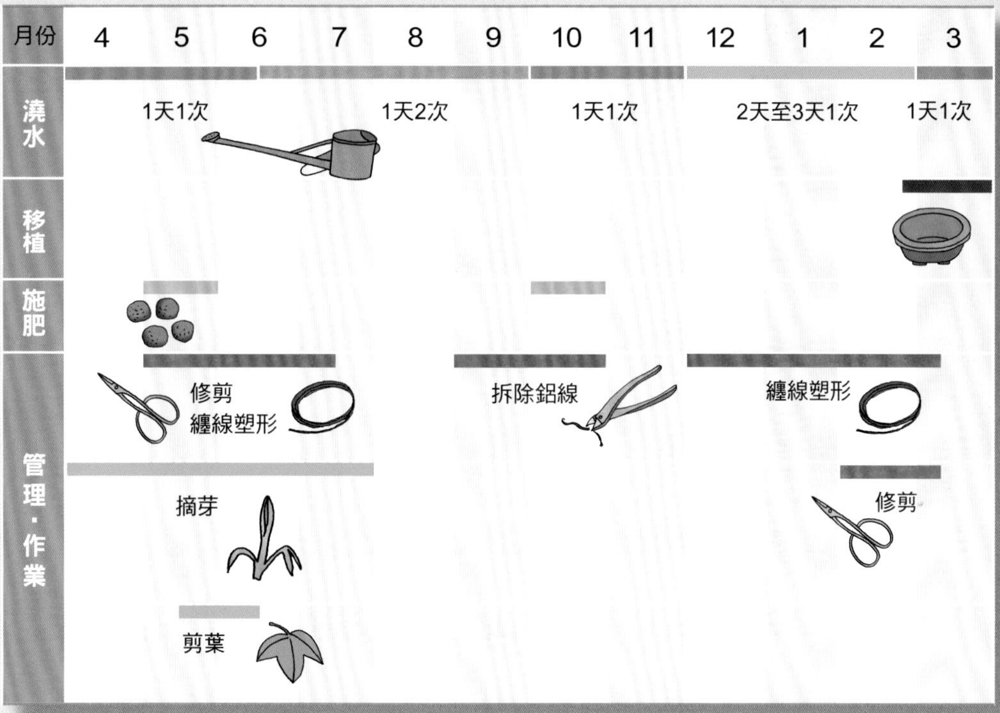
月份
4
5
6
7
8
9
10
11
12
1
2
3
澆水
1天1次
1天2次
1天1次
2天至3天1次
1天1次
移植
施肥
管理・作業
修剪
纏線塑形
拆除鋁線
纏線塑形
摘芽
修剪
剪葉

楓樹

[紅葉]

①楓樹科楓樹屬
②日本
③落葉喬木
④全年

①科屬名稱
②原產地
③分類
④觀賞期

春季新綠，夏季綠蔭，秋季楓紅，冬季寒樹，一年四季都能欣賞到不同的景色。耐強度修剪，萌芽力強，因此小枝分枝早，主幹易栽培粗壯，易營造巨木感。為了活用柔軟的枝勢，應趁早針對往上直線生長的枝條進行纏線塑形，初春時節摘芽，既可避免枝條亂長，又可將養分供應下枝。調整枝勢以促進枝稍生長，栽培出柔美景色。

■**樹形**　模樣木型・斜幹型・雙幹型・組合植栽型等。

■**管理訣竅**　置於陽光充足，通風良好處。夏季應作好遮陽以免出現葉燒現象。避免缺水以便長出漂亮紅葉。夏季期間於傍晚時分施以葉水，兼具葉子降溫與保濕作用，即可栽培出漂亮紅葉。

燃燒似的台灣掌葉楓的紅葉。

山毛櫸

［山毛櫸］

①山毛櫸科山毛櫸屬
②日本
③常綠針葉灌木
④全年

廣泛分布於日本本州的整個區域，最具日本雜木象徵的樹木之一。栽培盆栽大多以葉子較小的日本櫸樹為素材。經過多年的栽培後，會因為幹肌的白色部分增加、呈波浪狀的葉片、往上生長的枝條等而顯現出高雅風韻。到了秋天便由綠色轉變成黃色、橘色、金褐色的黃葉，美不勝收。

■樹形　直幹型・模樣木型・斜幹型・叢生型・組合植栽型等。

■管理訣竅　缺水時葉子會捲縮，新芽季節與夏季期間應格外留意澆水。炎夏需遮光以避免出現葉燒現象。樹勢旺盛而往上生長的特性鮮明，初春時節發芽後幾天枝條就伸長3至4㎝，必須每天觀察，勤快地摘芽。春季至夏季期間旺盛生長的枝條必須不厭其煩地修剪，再透過剪葉促進小枝生長。

轉變成黃葉的組合植栽型山毛櫸盆栽。

櫸樹

［櫸］

①榆科櫸屬
②日本
③落葉喬木
④全年

山野中隨處可見的自生植物，體質強健，耐病蟲害。栽培盆栽時宜著重於巨木感。倒立似的直幹常用於創作掃帚型盆栽。創作直幹型盆栽時，宜選用幹基筆直的素材，選用幹基呈現彎曲狀態的素材時，必須趁幼樹時期主幹還很纖細幼嫩時纏線塑形。

■樹形　直幹型（掃帚型）・組合植栽型等。

■管理訣竅　新芽時期應避免缺水。但太潮濕時易徒長。夏季需遮光以避免出現葉燒現象。若希望根部往四面八方生長，可於移植時修剪較粗的走根，以促進細根生長，留意栽種高度，以便根部露出盆土表面。初春摘芽與勤快修剪，初夏剪葉以促使長出茂密小枝。

一再地進行摘芽、剪葉。

三角楓 [唐楓]

①楓樹科楓樹屬
②中國・台灣
③落葉小喬木
④全年

江戶時代由中國渡海到了日本。春季新綠、夏季葉姿、秋季紅葉皆具觀賞價值，除了用於創作盆栽之外，也廣泛用栽種路樹。三角楓體質強健，耐病蟲害，萌芽力強，是很適合用來鍛鍊修剪技巧的樹木。枝條筆直地往上生長，主幹易長粗壯，長出枝條時若置之不理，枝條尾端就會長得很粗壯，因此，一長出新枝，就必須趁早透過纏線塑形促使枝條往橫向發展。初春摘芽，初夏剪葉以增加枝條數，相較於其他樹種，短期間內就能長出茂密小枝，欣賞到充滿巨木感的樹姿。

■**樹形** 模樣木型・雙幹型・組合植栽型・文人型等。

■**管理訣竅** 夏季遮光以避免樹木出現葉燒現象，留意澆水以避免缺水。

夏季葉姿充滿清涼感的組合植栽型盆栽。

日本紫莖 [姬娑羅]

①茶科紫莖屬
②日本・朝鮮半島
③落葉喬木
④全年

葉與花較小，適合用於栽培盆栽。長大後幹肌呈紅褐色，閃耀著銀色光芒的冬芽、黃綠色新緣、初夏白花、秋季楓紅，一年四季都能欣賞到不同的景色。適合用於創作不禁讓人聯想起自生於山林的直幹型，或主枝幹不會太突兀的模樣木型盆栽。

■**樹形** 直幹型・模樣木型・斜幹型・組合植栽型等。

■**管理訣竅** 不耐炎熱天氣，夏季遮光後置於蔭涼處，以避免出現葉燒與枝幹變黑等現象。往上生長特性鮮明，初春必須勤快地摘芽。疏於摘芽時，易出現只長樹高，樹冠部分特別旺盛，但下枝難以生長，缺乏平衡感的惡劣樹形。五月至六月剪葉，以促進新芽生長以栽培小枝。

特徵為幹肌有光澤。

鵝耳櫪

[四手]

①樺木科鵝耳櫪屬
②日本・朝鮮半島 中國
③落葉喬木
④全年

構成雜木林的樹木，盆栽界相當熟悉，暱稱SOLO。常用於創作盆栽的是俗稱岩四手、赤四手、熊四手等類型品種。赤四手又稱紅芽SOLO，春天的新芽帶紅色，秋天的紅葉也賞心悅目。相較於楓樹，枝條尾端較柔軟纖細，因此適合用於創作不太需要著重於造型，具柔美枝幹的模樣木型、組合植栽型等類型的盆栽。樹齡越大，主幹越粗壯，表面就會出現獨特的縱向條紋模樣，以充滿老樹氛圍的樹姿為栽培目標。

■**樹形** 直幹型・模樣木型・斜幹型・雙幹型・組合植栽型・附石型等。

■**管理訣竅** 根較細，夏季需留意澆水。初春勤快摘芽，目標夏天，將太長的枝條剪短以調整樹形。

氣宇軒昂、主幹挺拔的雙幹型岩四手盆栽。

野漆樹

[櫨]

①漆樹科漆樹屬
②日本・台灣 中國・東南亞
③落葉喬木
④全年

自生於日本關東以西地區，別名櫨漆。春季新綠、夏季涼爽葉姿、耀眼的紅葉皆賞心悅目。適合栽培表現纖細主幹特色的樹形。

■**樹形** 斜幹型・組合植栽型・文人型等。

■**管理訣竅** 耐強光照射，不易出現葉燒現象，但夏季期間還是需要留意澆水。肥分太高可能延緩紅葉時間，應控制施肥。枝條往上生長時，易出現徒長現象，建議以小型淺盆栽種，五月至六月期間斷然截剪，促使未長樹葉粗壯枝幹萌發新芽。梅雨季節等進行剪葉以促使長出二次芽，就能欣賞到葉片更小巧的盆栽。接觸漆樹類植物時，皮膚可能出現搔癢的過敏現象，建議作業時戴上手套。

葉色鮮豔奪目的組合植栽型盆栽。

枹櫟 [小楢]

①山毛櫸科櫟屬
②日本・朝鮮半島
中國・台灣
③落葉喬木
④花（4月至5月）
果實（11月）

亦自生於平地雜木林，秋天結橡實，是相當常見的樹種，除了用於栽培雜木類盆栽欣賞葉姿之外，樹齡15年以上就會結橡實，建議著眼於未來，耐心栽培成果實類盆栽。秋天播下橡實，栽培成實生苗，還可當做栽培組合植栽型盆栽的素材。相較於栽培小品盆栽，更適合栽培樹高達30cm以上的中品盆栽。

■**樹形** 模樣木型・叢生型・懸崖型・組合植栽型等。

■**管理訣竅** 必須充分地澆水。比楓樹類植物更容易招引害蟲，春季至秋季期間需留意是否出現蟲害痕跡。初春時節勤快摘芽，至夏季期間進行截剪，以抑制枝條旺盛生長。

秋天的紅葉也美不勝收。

斑葉絡石 [初雪葛]

①夾竹桃科絡石屬
②東南亞・印度
美國・日本
③常綠蔓性灌木
④全年

常見的庭園地被植物。常用於栽培盆栽的近親種細梗絡石（定家葛）與矮性種縮緬葛都很受歡迎。樹勢強，耐施肥與強度修剪，不斷地長出新芽，由小品至中品盆栽都適合栽培。秋季紅葉也很鮮豔，是葉片厚實的落葉樹中最獨特的樹種。

■**樹形** 模樣木型・斜幹型・懸崖型・雙幹型・附石型等。

■**管理訣竅** 蔓性植物，5月時就必須一邊修剪枝條，一邊確立枝棚，促進裡側的側芽分枝。蔓性植物的根部生長速度也比較快，因此一、兩年就必須移植一次。春季至秋季期間易乾燥，夏季期間尤應留意澆水。

以夾雜白色或粉紅色斑紋的葉子最獨特、最吸引目光。

花卉類

「花卉類」盆栽係指梅花、櫻花、茶花等以賞花為主的樹木盆栽。栽培此類盆栽時，除了欣賞花朵之外，樹形也很值得欣賞。

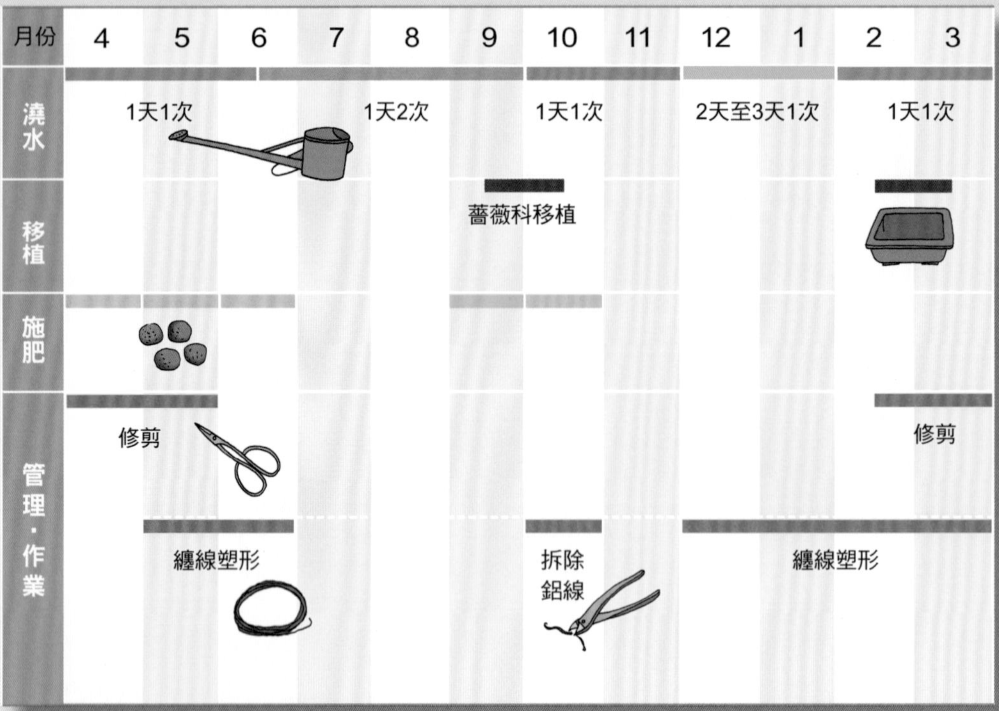

月份
4 5 6 7 8 9 10 11 12 1 2 3
澆水
1天1次
1天2次
1天1次
2天至3天1次
1天1次
移植
薔薇科移植
施肥
管理・作業
修剪
修剪
纏線塑形
拆除鋁線
纏線塑形

梅花

［梅］

①薔薇科櫻屬
②中國
③落葉小喬木
④1月至3月

①科屬名稱
②原產地
③分類
④觀賞期

自古以來就與櫻花並列日本人最親近熟悉的花卉。1月至3月期間綻放散發芳香味道的花朵。主幹易顯老態，栽培後，很快地就能欣賞到老梅樹趣味。園藝品種較多，可大致分成野梅系、紅梅系、豐後系（梅果）等品種，適合栽培盆栽的是比較接近原種的野梅系、紅梅系的緋梅等品種。

■樹形 直幹型・模樣木型・斜幹型・雙幹型・組合植栽型・懸崖型・文人型等。

■管理訣竅 花後立即修剪，需保留1個至2個芽。6月長出柔軟新枝後纏線塑形。出現徒長枝時，需修剪或中途折斷，給予刺激以促進花芽分化（請參閱P.53）。6月至7月開始形成花芽，因此，夏季以後修剪就會剪掉花芽。

以花朵與香氣捎來春天的訊息。

櫻花

[櫻]

①薔薇科櫻屬
②日本・朝鮮半島
中國
③落葉喬木
④3月至4月

堪稱日本國花的春季代表性花卉。最常見的染井吉野櫻的造枝難度高，不適合用於創作盆栽。建議以耐修剪的富士櫻、寒緋櫻、俗稱一歲櫻的品種為素材。秋季開花的大葉早櫻（十月櫻）與垂枝櫻也頗受歡迎，除賞花外，充滿古樹感的幹肌也是很值得欣賞的對象。

■樹形 模樣木型・斜幹型・懸崖型・文人型等。

■管理訣竅 置於陽光充足，通風良好處，夏季需遮擋西曬陽光。不耐乾燥，需避免缺水。花芽於梅雨季節開始分化，花謝後需立即修剪掉$\frac{1}{3}$左右的徒長枝，枝條太長易硬化，纏線塑形宜趁嫩枝時期進行。

懸崖型阿龜櫻。

茶花

[椿]

①山茶科山茶屬
②日本・朝鮮半島
台灣
③常綠小喬木
④10月至3月

茶花與山茶花都是自古以來常見的庭園樹木。茶花品種多，花色、花形皆豐富多元。具光澤且終年油綠的葉片也漂亮，主幹栽培粗壯的茶花樹則充滿穩重穩定感。嫩枝易塑形，適合用於挑戰大膽彎曲造型的樹形，亦可用於練習纏線塑形技巧的樹木。

■樹形 模樣木型・斜幹型・組合植栽型・懸崖型等。

■管理訣竅 喜歡早上曬太陽，下午在明亮的蔭涼處。炎夏期間需遮光以避免出現葉燒現象。冬季需移往溫暖的屋簷下。花謝後，全面修剪植株以確保小巧樹形。纏線塑形的適當時期為5月至6月，枝條易長粗壯。鋁線必須在嵌入枝條前拆掉。

開在線條柔美的枝條尾端，清新脫俗、小巧可愛的白色茶花。

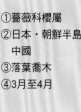

條通樹 【木五倍子】

①旌節花科條通樹屬
②日本
③落葉灌木
④3月

初春時節枝條上掛著一串串淺黃色穗狀花。雌雄異株。花謝後發芽、初夏新綠、秋季紅葉都深具魅力。經由纏線塑形栽培成懸崖型，往下延伸的枝條尾端掛著花穗的姿態更美妙。老枝不容易塑形，纏線塑形宜趁嫩枝時期進行。

■**樹形** 模樣木型・懸崖型・文人型等。

■**管理訣竅** 置於陽光充足，通風良好處，冬季移往屋簷下。花謝後修剪以促進分枝。纏線塑形宜於12月至3月休眠期，或5月至6月進行。

葉子長出前就掛在枝頭上，個性十足的穗狀花。

長壽梅 【長壽梅】

①薔薇科木瓜梅屬
③落葉灌木
④9月至3月

木瓜梅的園藝品種。是枝條往橫向生長的矮性樹種，四季開花性強，春季至秋季期間持續開出紅色或白色花。枝條纖細，不斷地長出葉子，易於塑形。易長出蘗枝，也很適合栽培叢生型盆栽。

■**樹形** 模樣木型・斜幹型・叢生型・懸崖型・附石型等。

■**管理訣竅** 不耐缺水，應避免太乾燥。春天移植易罹患疾病，移植應於秋天進行。需適度地修剪徒長枝與不必要的蘗枝。

花謝後可能結出果實，但開花後植株較弱需摘除。

連翹 【連翹】

①木犀科連翹屬
②中國
③落葉灌木
④3月至4月

初春開出鮮豔的黃色花朵。連翹屬植物統稱連翹，可大致分成直立型與蔓性型。新枝筆直生長，嫩枝就纏線塑形，即可形成趣味性十足的樹形。活用易長枝條的特性，栽培懸崖型盆栽亦可。

■**樹形** 模樣木型・叢生型・懸崖型等。

■**管理訣竅** 易出現徒長枝，花謝後需立即修剪。易出現根部阻塞現象，請記得移植。經由插枝即可繁殖素材。

綻放鮮黃色花時即意味著春天已經正式來報到。

合歡樹

【合歡木】

①豆科合歡屬
②日本・朝鮮半島台灣・中國・喜馬拉雅地區・印度等
③落葉喬木
④7月至8月

夏季期間的貴重觀賞花卉。開充滿蓬鬆柔軟氛圍的粉紅色花（正確說法是雌蕊），一到夜晚葉片就併攏，亦有白花與黃花品種。花開在纖細的枝條尾端，亦適合用於栽培姿態輕盈曼妙的文人型盆栽。

■樹形 模樣木型・文人型等

■管理訣竅 夏季開花期需留意澆水。花謝後留一節枝條，進行截剪以抑制樹高。枝條太粗時易折斷，纏線塑形宜趁嫩枝時進行。

7月份花較少，但可欣賞到氣質高雅的花朵。

疏花瑞木

【日向水木】

①金縷梅科蠟瓣花屬
②日本
③落葉灌木
④4月

早春時節低頭綻放淺黃色小花。花謝後長出圓葉的新綠也很迷人。易長出蘗枝，適合用於栽培樹形自然的叢生型盆栽（參閱P.65）。近親種小葉瑞木也是廣泛用於創作盆栽的素材。

■樹形 叢生型・組合植栽型等。

■管理訣竅 置於陽光充足，通風良好處。夏季避開西曬，以免出現葉燒與缺水等現象。枝條生長速度快，必須透過花後修剪、徒長枝修剪、落葉後修剪以調整樹形。

清麗脫俗的疏花瑞木花朵。花朵大上一輪的小葉瑞木也是盆栽界的人氣素材。

垂絲海棠

【花海棠】

①薔薇科蘋果屬
②中國
③落葉灌木
④4月至5月

低頭綻放著華麗的粉紅色花朵，因為開花的嬌羞模樣而得垂絲海棠美名。易於栽培模樣木型與斜幹型的盆栽。栽培成懸崖型、半懸崖型，嬌羞地開在枝頭上的花朵更是風情萬種，值得好好地欣賞。垂絲海棠是對於海棠果（參閱P.153）受粉至為重要的樹木。

■樹形 模樣木型・斜幹型・懸崖型・半懸崖型等。

■管理訣竅 花開在去年長出的短枝上，花謝後留下1至2節，將太長的枝條剪短。

鮮豔的花朵可將周邊環境妝點得更明亮。

果實類

「果實類」盆栽係指落霜紅、梔子、海棠果等以欣賞果實為主的盆栽。果實類盆栽是妝點秋季至冬季期間景色的重要角色。

月份	4	5	6	7	8	9	10	11	12	1	2	3
澆水	1天1次			1天2次			1天1次		2天至3天1次			1天1次
移植												■
肥料	■	■	■			■	■					
管理・作業	纏線塑形						拆除鋁線	纏線塑形／修剪	修剪	摘果	修剪	

落霜紅

[梅擬]

①冬青科冬青屬
②日本
③落葉小喬木
④9月至1月
（花5月至7月）

①科屬名稱
②原產地
③分類
④觀賞期

秋季來臨時，小巧果實就開始轉變成紅色，紅葉、落葉後，果實依然掛在枝頭上，是新年裝飾不可或缺的紅色果實類素材。雌雄異株，雌樹結果。一再地透過摘芽與修剪，以促使長出更多細枝條，即可栽培出風格絕佳的樹形。還可利用蘖枝，以創作雙幹型或叢生型等類型的盆栽。

■**樹形** 模樣木型・斜幹型・雙幹型・叢生型・組合植栽型等。

■**管理訣竅** 置於陽光充足，通風良好處，夏季移往半日曬處，以避免果實過度照射陽光。缺水就不容易結果，因此從開始結果時期起就必須多澆水，固肥施用時期至11月為止，以每個月施肥一次為大致基準。鳥類喜歡吃果實，作好防鳥設施，以免果實被吃光。新年過後摘果好讓植株休養生息。

落葉後可欣賞主幹與枝條姿態與紅色果實競豔的美景。

小葉石楠【鎌柄】

①薔薇科石楠屬
②日本・朝鮮半島中國
③落葉灌木至喬木
④10月至12月（花4月至5月）

質地堅硬，曾用於製作鐮刀柄而成為名稱由來。易曾用於製作牛的鼻環而得「牛殺し」別名。白色小花像小繡球似地擠成一團，開花後結果。容易開花與結果，建議初次挑戰果實類盆栽的人栽種。秋天的紅葉也美不勝收，果實渾圓的西洋小葉石楠也很受歡迎。

樹形 模樣木型・斜幹型・叢生型・組合植栽型・懸崖型等。

管理訣竅 開花至結果期間必須充分日照，夏季則需避免西曬，留意澆水。開花後長出新芽時需摘芽，徒長枝則需剪短。粗壯枝條很堅硬，纏線塑形宜趁嫩枝時進行。新年過後需摘除果實讓植株休養生息。兩年至三年必須忍痛割捨果實與花朵，針對整個植株進行一次大修剪。

能夠欣賞到白色花、紅葉、紅色果實，樹姿華麗的果實類盆栽。

山橘【金豆】

①芸香科金柑屬
②中國
③常綠灌木
④8月至12月（花6月至8月）

金橘的近親，又稱豆金柑、小金柑。開花後結豆子大小的綠色果實，秋季至冬季成熟轉變成黃色。主幹易呈現古樹感，風格獨特的樹形與形狀可愛又色彩明亮的果實形成有趣的對比。

樹形 模樣木型・斜幹型・雙幹型・組合植栽型等。

管理訣竅 不耐寒，秋季為止必須置於室外，需要充足的日照，12月起必須置於室內光線充足的場所。夏季與冬季都必須留意缺水問題。枝條具往上生長特性，修剪與纏線塑形就能維持小巧樹形。幼樹6月下旬摘芽即可增加枝條數，徒長枝需剪短，以促進分枝。

生活周邊就能欣賞到小果樹園的景色。

梔子花

［梔子］

①茜草科梔子屬
②日本・台灣中國等
③常綠灌木
④10月至12月（花6月至7月）

初夏綻放香氣甘甜的雪白花朵，秋季結出個性十足的橙黃色果實。亦可利用蘗枝栽培叢生型盆栽。兩年一次大幅度修剪即可確保小巧樹形。

■**樹形** 模樣木型・叢生型等。

■**管理訣竅** 置於陽光充足，通風良好處。夏季遮光以避免出現葉燒現象，留意缺水問題。不耐寒，冬季需移往較溫暖的屋簷下或室內。葉片為大透翅天蛾幼蟲的最愛，發現時應立即捕殺。

個性十足的果實，日本人烹調金糰（丸子類）年菜料理時也會用於染色。

紫珠

［紫式部］

①唇形科紫珠屬
②日本・朝鮮半島・中國
③落葉灌木
④10至11月（花6至7月）

新枝上可結出非常貴重的紫色果實。枝條易枯萎，長出直線狀新梢與蘗枝時，應立即纏線塑形。另有結出白色果實的白珠。垂枝上長出成串紫色果實的小紫珠是另一種園藝品種。

■**樹形** 模樣木型・組合植栽型・懸崖型等。

■**管理訣竅** 喜歡在日照充足至半遮蔭環境下生長。夏季需避開西曬，冬季需移往溫暖的屋簷下。開花期、結果期避免缺水。

一到了秋天就結出充滿野趣的紫色小果實。

山楂

［山楂子］

①薔薇科山楂屬
②中國
③落葉灌木
④9月至12月（花4月至5月）

可大致分成紅花的花山楂與白花的果實山楂，兩種都會結出顆粒碩大的果實，除了欣賞花與果實之外，紅葉也賞心悅目，山楂是優點極多的樹種。開花後保留殘花就能欣賞到果實。

■**樹形** 模樣木型・斜幹型・懸崖型等。

■**管理訣竅** 置於半遮蔭環境時，枝條易徒長。枝條生長速度快，徒長枝需剪短。開花期需避免缺水。過年後摘除果實好讓植株休養生息。纏線塑形宜於5月或休眠期進行。

綠葉與紅色果實形成鮮明對比的華麗花山楂盆栽。

海棠果 ［姬林檎］

①薔薇科蘋果屬
②日本等地
③落葉喬木
④10月至11月（花4月至5月）

枝條上開滿白花，秋季結出紅色果實。短枝上長出花芽，徒長枝需剪短，以促使長出短枝。開花期間以其他蘋果或垂絲海棠進行人工授粉，結果情形更好。

■**樹形** 模樣木型・斜幹型・懸崖型等。

■**管理訣竅** 置於陽光充足，通風良好處，經常轉動花盆好讓果實顏色更均勻。性喜潮濕，開花期、結果期留意澆水。秋季欣賞後，應及早摘除果實好讓植株休養生息。果實不可食用。

可欣賞到小巧可愛的蘋果園風光。

火刺木 ［常葉山楂子・橘擬］

①薔薇科火刺木屬
②歐洲東南部亞洲
③常綠灌木
④10月至12月（花5月至6月）

春天綻放手毬般白色小花，秋季結出鈴鐺狀果實。另有結紅色果實的斑葉火刺木與結橙黃色果實的窄葉火刺木。樹勢旺盛，耐修剪，結果狀況絕佳，建議初學者採用。栽培幼樹應以樹形優先於果實。

■**樹形** 模樣木型・斜幹型・雙幹型・叢生型・懸崖型・半懸崖型等。

■**管理訣竅** 必須充分照射陽光。過年後摘除果實好讓植株休養生息。梅雨季節進行纏線塑形，夏季修剪徒長枝。

燃燒似的紅色果實，冬季庭園最熟悉的景致。

西南衛矛 ［真弓］

①衛矛科衛矛屬
②日本・朝鮮半島・中國
③落葉灌木
④4月至5月

秋季紅葉色彩鮮豔的衛矛近親種，自生於各地山區。掛在枝稍上的果實風情，適合融合斜幹型與文人型等餘白較多的樹形。雌雄異株，雌樹與雄樹可一起栽種。紅葉也美不勝收。

■**樹形** 模樣木型．斜幹型．半懸崖型．文人型等。

■**管理訣竅** 避免缺水。每年都想欣賞果實風采時，枝條易徒長，間隔一年將枝條剪短，就能維持枝梢部分較小巧的樹形。枝條堅硬，纏線塑形宜趁嫩枝時期進行。

倒掛在枝頭上的粉橘色果實，果實裂開時可看到裡面的紅色種子。

盆栽用語集

以下介紹本書使用的盆栽專業用語及可加深盆栽知識的用詞。

淺盆■盆高為直徑以½下的花盆。

頭部■盆栽的最頂端部分，又稱樹冠。

第一枝■位於植株最下方的枝條。必須是植株上最粗壯穩重的枝條。

一樹一盆■一個花盆栽種一棵樹木後培養，最傳統的盆栽培養鑑賞方式。

忌枝■影響樹形的不必要枝條。必須修剪掉。

有色花盆■相對於素燒盆，指經過釉藥處理後，燒製完成的觀賞盆。

栽種■將盆栽素材種入馱溫盆或觀賞盆。

背面■盆栽正面的相反側。

背枝■配置在盆栽背面側以營造縱深感的枝條。

上根■出現在根盤上方的不必要樹根。必須趁移植時修剪掉。

液肥■液體狀肥料。效果迅速，適合花卉類植物開花期間需要立即補充養分時施用。

剪枝■修剪掉多餘的枝條，以便相對於主幹，枝條配置顯得更平衡協調。

枝條配置■枝條的配置狀態。

枝藝■最值得欣賞的枝條姿態。

枝順■第一枝至盆栽最頂端為止的枝條排列、間隔、粗細、長短狀態。

枝幹平衡協調狀態絕佳的山毛櫸盆栽。

枝棚■枝條尾端的枝葉群。

強剪■可將整個盆栽修剪得小上一輪的修剪作業。

大型盆栽■相較於中品盆栽，樹高更高、樹齡更大、樹格更卓越的盆栽。

置肥■置於盆土表面的固體狀肥料。盆栽通常使用含油粕等有機成分的固肥，又稱玉肥（顆粒肥）。

折而不斷■徒長枝不修剪，只折斷。葉子繼續留在枝條上，因此依然可行光合作用。

改作■改變盆栽正面或樹形。

返水■水滲入土壤後再次澆水，以便整個盆土都吸收到水分的澆水方式。

花芽分化■樹木形成花芽。花芽分化時期因樹種而不同。

寒樹■落葉樹的樹葉落盡後姿態。可清楚地看到主幹與枝條的生長狀態，冬季期間欣賞盆栽的趣味之一。

觀賞盆■栽種已完成基本樹形的樹木，作為觀賞之用的花盆。

寒冷紗■遮光用紗網。遮光率因網目大小而不同。使用園藝用或栽培蔬菜用即可。

樹木類盆栽■以松柏類、雜木類、花卉類、果實類樹木為素材的盆栽之總稱。

休眠■夏季或冬季期間，樹木暫時停止生長的現象。

曲線■主幹或枝條的曲線。

形成曲線■主幹與枝條纏繞鋁線，以形成曲線模樣的作業。

截剪■將太長的枝條剪短的修剪作業。

草類盆栽■相對於樹木類盆栽，稱以草花為素材的盆栽。單品就具觀賞價值，亦可用於搭配樹木盆栽。

固肥■固體狀肥料。

諧順■由植株基部至枝幹尾端，越往上越細的主幹生長狀態。巨木感的表現方式之一。

修剪架構■奠定樹形基礎的修剪作業。

盆底石■栽種樹木時鋪在花盆底部以促進排水的顆粒狀土壤。

諧順度絕佳的模樣木型樹形的台灣掌葉楓盆栽。

細幹■適合用於創作文人型等樹形的纖細主幹。

扦插素材■以扦插法繁殖的苗木。

第三枝■由第一枝算起的第三根枝條。

子幹■栽培雙幹型、叢生型、組合植栽型等類型盆栽時，與主幹（親幹）配對或陪襯主幹的枝幹。副幹。

年代感■帶古意，充滿歲月痕跡的形容詞。

下草■裝飾、搭配樹木類盆栽的草類盆栽。

創作素材■已確立盆栽用樹形架構的植株。

舍利■主幹芯部白骨化後形成的裝飾。象徵古木感與大自然的嚴峻現實。

雌雄異株■可分成雌樹與雄樹的植物。

樹格■盆栽的風格、素質。

主幹■雙幹型、叢生型、組合植栽型等，矗立著兩根以上主幹，構成盆栽主軸（親）的枝幹。親幹。

杜松的舍利幹。

樹冠■樹木的最頂端部分。又稱頭部。

樹高■樹木的根盤至頭部的高度。

樹種■樹木的種類。

樹勢■樹木的成長狀況。

授粉樹■取得人工授粉用花粉，促進果實類樹木結出果實的樹木。

主樹■構成組合植栽型盆栽主軸（親樹），樹高最高，主幹最粗壯的植株。

樹齡■盆栽的年齡。

松柏類盆栽■松樹、真柏等常綠針葉樹盆栽的總稱。

小品盆栽■樹高15公分以下的小型盆栽。

正面■欣賞盆栽時的正面側，相反側稱「背面」。

神枝■以枯枝加工而成的裝飾。與舍利幹一樣，都是表現古木感、老樹感、大自然嚴峻現實的絕佳素材。

神枝

人工授粉■透過人工方式授粉，以促進果實類盆栽結出果實的作業。

水石■狀似山林、瀑布、房屋、動物，具觀賞價值的天然奇石。

水盤■盆身較淺的陶器花盆。裝入砂土，再放入附石型盆栽或石材等作為裝飾。

疏剪■修剪雜亂的枝葉，以加強日照或促進通風的修剪作業。

整姿■透過修剪、纏線塑形、摘芽、剪葉等以調整樹形的盆栽維護管理作業。

成長期■相對於休眠期，指植物的生長時期。

成樹■長成後清楚地呈現出樹種特徵的樹木。

雜木類盆栽■以楓樹、掌葉楓、山毛櫸等為主的落葉樹盆栽。

創作型盆栽■超脫傳統的盆栽形式與規定，自由地創作完成的盆栽。

陪襯■用於襯托盆栽的下草類植物、水石、造景物或擺件。

素材■構成盆栽的苗木或已確立基本樹形的植株。

馱溫盆■高溫燒製，用於栽培素材或讓植株休養生息的素燒盆。

多幹型盆栽■雙幹型或叢生型等類型，一棵樹木長出兩根以上主幹的盆栽之總稱。

幹基■植株基部至第一枝為止的主幹部位。以粗壯、充滿穩定感為佳。

除直幹型外，所有樹形的幹基都必須呈現自然彎曲狀態。

單幹型■相對於多幹型，指直幹型等由一根主幹構成的樹形。

短葉法■透過摘芽、切芽、抹芽、疏葉，使枝葉短又整齊的松樹獨特維護管理方法。

中品盆栽■樹高20cm至50cm左右的盆栽。

追肥■樹木種入花盆後才施用的肥料。

嫁接■將想栽培的品種插穗，接在植株強健的砧木上，以栽培出優良素材的方法。

泥盆■不經過釉藥處理，直接燒製完成的觀賞盆。適合用於栽培松柏類盆栽。

摘果■栽培果實類盆栽時的摘除果實作業。

擺件■用於搭配盆栽以營造季節感或構成美麗景致的擺件。

徒長枝■生長特別旺盛的新枝。透過修剪以避免影響樹形。

壓條法■於枝條中途促使發根後切下使用，取得素材的方法之一。

越夏■遮擋陽光等維護盆栽，以避免植株受高溫或強光傷害的作業。

雙層盆■大型花盆鋪上富士砂等，上面擺放盆栽的維護管理方式。具保濕效果。

第二枝■由植株下方算起的第二根枝條。

二次芽■切芽或剪葉後再度長出的新芽。

腐根■盆土太潮濕，根部窒息而受損或腐爛的現象。

根阻塞■盆中擠滿樹根而傷及根部的現象。

固定根部■栽種樹木時纏繞鋁線以固定住根部的作業。

根盆■結合成花盆形狀的根部與盆土。

根盤■根部的生長狀態。以往四面八方展根的狀態最理想。

緊緊地抓住大地似地往四面八方展根的三角楓根盤。

根水■澆在樹木根部的水。

捻轉■主幹或枝條的蟠捲扭曲狀態。

主幹呈現捻轉狀態的真柏。

剪葉■剪掉樹葉促使長出側芽以增加小枝，或將葉片整齊地修剪小一點的作業。

走根■長得特別長又特別粗壯的根。走根是樹木長出徒長枝的主要原因，必須修剪掉。

疏葉■透過修剪以疏減樹葉的作業。

蓮蓬狀噴頭■安裝於灑水壺，上面有許多小孔的部分。

配盆■搭配適合素材的觀賞盆。

盆樹輝映■植物與觀賞盆的協調搭配相互輝映。

盆底孔■花盆底部的排水孔。

盆尺寸升級■將樹木移植種到大一點的花盆裡。

八方根盤（展根）■根部非常協調地往四面八方生長的狀態。

花芽■長大後會開出美麗花朵的新芽。

花卉類盆栽■花卉盆栽之總稱。

葉水■水由頭部灑下以淋濕整個植株的澆水方式。

葉芽■相對於花芽，長大後成為樹葉的新芽。

葉燒■植物照射強光後，葉片灼傷不再油綠或部分葉片枯萎的現象。

鋁線■固定根部或纏線塑形時使用的盆栽專用鋁線。

纏線塑形■往主幹或枝條纏繞鋁線，以形成模樣或塑形姿態的作業。

盤根■形成板狀的根盤。

三角楓的盤根。

蘖枝■由植株基部長出的細枝幹。

平盆■高度為直徑1/4左右的花盆。

深盆■高度與直徑相同，或大於直徑的花盆。

副幹■創作雙幹型盆栽時，與親幹配對構成樹形的子幹。

副樹■組合植栽型樹形盆栽中，高度、粗細度僅次於主樹的樹木。

伏臥延伸■直挺的主幹或枝條纏線塑形後，調降高度以促使往橫向發展的作業。

不定芽■由莖部尾端或葉柄基部以外部位長出的新芽。

粗幹■粗壯而充滿穩定感的主幹。

過冬■將盆栽移往屋簷下或室內，避免盆土凍結的盆栽維護管理方式。

掃帚型■狀似倒立掃帚的樹形。

幹筋■主幹由下而上的生長傾向。

幹肌■主幹表皮的質感。

營造古木感的五葉松粗糙幹肌。

枝幹■主幹的曲線狀態。

實生素材■由種子開始栽培長大的苗木。

微粒■用土碎裂後形成，顆粒細微的粉狀土壤。盆底堆積微粒時，排水作用就變差。

缺水■水分不足而導致植株弱化或枯萎。

果實類盆栽■以欣賞果實為主的盆栽之總稱。

果燒■果實照射強光後灼傷而影響美觀的現象。

真柏調整尾芽向上的情形。

尾芽向上■枝棚的枝條分別纏繞鋁線後，將枝條尾端調整向上的作業。

抹芽■抹除松樹的新芽，以便長出長短均一的二次芽。

切芽■由基部切除新芽，以誘發二次芽的作業。

摘芽■摘除松樹的新芽，以調整枝葉長短與生長速度的作業。雜木類摘除新芽可促進側芽生長，有助於培養小枝。

風韻■將樹木種在小盆裡，經過多年的精心栽培而漸漸地顯現出來的韻味。

模樣■主幹與枝條的曲線之美。

高溫素燒盆■不經過釉藥處理，直接燒製的觀賞盆。風格素雅質樸，適合栽培松柏類盆栽時採用。

八房性■矮性類型的素材。樹高不會增高，適合栽培盆栽。

葉柄■位於葉片基部，連結葉片與枝條的部分。

矮性■樹高（草本植物稱草長）不會增高的特性。

幼樹■尚未呈現出各樹種特徵的幼嫩素材。

側芽■由葉柄基部長出，可栽培成枝條的新芽。

三角楓剪葉後長出的側芽。

綠庭美學 05
Green garden aesthetics

樹形盆栽入門書（暢銷版）
一次學會10種新手也能輕鬆掌握的基礎技法

作　　　　者／山田香織
譯　　　　者／林麗秀
發　行　　人／詹慶和
執　行　編　輯／李佳穎‧蔡毓玲
編　　　　輯／劉蕙寧‧黃璟安‧陳姿伶
執　行　美　編／陳麗娜
美　術　編　輯／周盈汝‧韓欣恬
出　　版　　者／噴泉文化館
發　行　　者／悦智文化事業有限公司
郵政劃撥帳號／19452608
戶　　　　名／悦智文化事業有限公司

地　　　　址／220 新北市板橋區板新路 206 號 3 樓
電　　　　話／(02) 8952-4078
傳　　　　真／(02) 8952-4084
電　子　信　箱／elegant.books@msa.hinet.net

2023 年 3 月二版一刷　定價 650 元

YAMADA KAORI NO HAJIMETE NO BONSAI JYUKEI by
Kaori Yamada
Copyright © 2012 Kaori Yamada
All rights reserved.
Original Japanese edition published by NHK Publishing, Inc.

This Traditional Chinese edition is published by arrangement with
NHK Publishing, Inc., Tokyo in care of Tuttle-Mori Agency, Inc., Tokyo
through Keio Cultural Enterprise Co., Ltd., New Taipei City, Taiwan.

經銷／易可數位行銷股份有限公司
地址／新北市新店區寶橋路 235 巷 6 弄 3 號 5 樓
電話／(02)8911-0825　傳真／(02)8911-0801

國家圖書館出版品預行編目資料

樹形盆栽入門書：一次學會 10 種新手也能輕鬆掌
握的基礎技法 / 山田香織著；林麗秀譯.
-- 二版 . -- 新北市：噴泉文化館出版：悦智文化事
業有限公司發行，2023.03
　面；　公分 . -- (綠庭美學；5)
ISBN 978-626-96285-4-4 (平裝)

1.CST: 盆栽

435.11　　　　　　　　　　　　　112002279

STAFF

攝影	桜野良充
	筒井雅之
	丸山 滋
	藤川志朗
	田中雅也
圖片提供	盆栽清香園
	大宮盆栽美術館
	ARS PHOTO 企劃
設計	川村 易
	川村きみ
插畫	小柳吉次
	川村易
校正	安藤幹江
ＤＴＰ	Virtual Netcraft
攝影協力	盆栽清香園
	大宮盆栽美術館
編輯協力	矢嶋惠理
企劃‧編輯	向坂好生（NHK 出版）